João Francisco Pinto Lucas

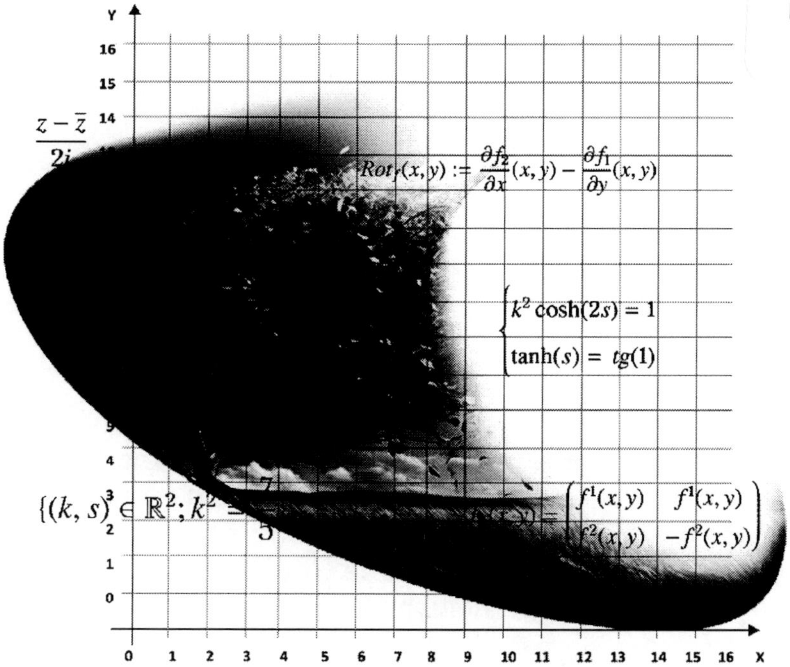

Introdução à Teoria dos Campos Vetoriais Planares Holomorfos

Editora Ciência Moderna

Editor: Paulo André P. Marques
Produção Editorial: Dilene Sandes Pessanha
Capa: Daniel Jara
Copidesque: Equipe Ciência Moderna
Texto preparado em LaTeX

FICHA CATALOGRAFICA

LUCAS, João Francisco Pinto.

Introdução à Teoria dos Campos Vetoriais Planares Holomorfos

Rio de Janeiro: Editora Ciência Moderna Ltda., 2023.

1. Matemática 2. Geometria 3. Campos Vetoriais
I — Título

ISBN: 978-65-5842-282-2

CDD 510

516

Editora Ciência Moderna Ltda.
R. Alice Figueiredo, 46 – Riachuelo
Rio de Janeiro, RJ – Brasil CEP: 20.950-150
Tel: (21) 2201-6662/ Fax: (21) 2201-6896
E-MAIL: LCM@LCM.COM.BR
WWW.LCM.COM.BR

07/23

Este livro é dedicado à memória de meu querido primo Gabriel. Você estará sempre em meus pensamentos e sei que em algum dia desses nos veremos novamente...

"Em matemática você não entende as coisas. Você se acostuma a elas."

John von Neumann

Prefácio

Este texto contém uma pequena e singela introdução à teoria dos campos vetoriais planares holomorfos, pensados do ponto de vista dos operadores rotacional e divergente. A teoria está descrita no capítulo 1*, sendo os demais capítulos um conjunto de ferramentas que podem ajudar em um melhor entendimento e uma melhor aplicação dos conceitos estudados nesse primeiro capítulo. Uma das prioridades do texto é a de decompor campos vetoriais planares em partes "irrotacional" e "solenoidal" e, para isso, precisamos readaptar esses conceitos que, "aparente", só estão presentes para campos vetoriais no espaço* $\mathbb{R}^3$*. Ao longo do texto, são fornecidos diversos critérios para se encontrar explicitamente campos vetoriais planares simultaneamente irrotacionais e solenoidais, bem como, a relação desses campos com as chamadas "funções harmônicas", as quais exibimos diversos critérios de construção. Apesar de simples, o material do livro é pouco comum e foi escrito pensando nos leitores que irão ver a matéria pela primeira vez e, desse modo, possui vários exemplos e exercícios resolvidos ao longo do texto. Recomendamos aos leitores que resolvam todos os exercícios propostos, pois esses são bem simples e servem para ajudar a fixar os conteúdos apresentados.*

João Francisco Pinto Lucas
São José do Rio Pardo, 26/06/2023

Conteúdo

CAPÍTULO 1

Rudimentos sobre Campos Vetoriais Planares Holomorfos

Começaremos com uma importante notação. Seja $f : A \to \mathbb{C}$ uma função complexa de uma única variável complexa definida no subconjunto $A \subseteq \mathbb{C}$ do plano complexo. Para dizer que f é holomorfa em A (geralmente considerado como sendo um subconjunto aberto conexo do plano complexo), às vezes, iremos escrever que $f \in Hol(A)$.

Definição 1.1. *Sejam $A \subseteq \mathbb{R}^2$ e $B \subseteq \mathbb{R}^3$ subconjuntos abertos de $\mathbb{R}^2$ e $\mathbb{R}^3$. Um campo vetorial em A é uma aplicação $f : A \to \mathbb{R}^2$ que faz corresponder a cada ponto (par ordenado) $(x, y) \in A$ um (único) vetor $f(x, y) := f_1(x, y)\overrightarrow{i} + f_2(x, y)\overrightarrow{j} = f_1(x, y)e_1 + f_2(x, y)e_2 \in \mathbb{R}^2$, onde $e_1 := (1, 0)$ e $e_2 := (0, 1)$, que são os elementos que constituem a base canônica de $\mathbb{R}^2$ (plano cartesiano real) e $f_1, f_2 : A \to \mathbb{R}$ são as chamadas funções coordenadas do campo no plano. Como um abuso de linguagem (por intermédio de um abuso de notação), às vezes, vamos escrever um campo vetorial f em um aberto A simplesmente como $f(x, y) := (f_1(x, y), f_2(x, y))$. De modo substancialmente analógico, um campo vetorial em B é uma aplicação $g : B \to \mathbb{R}^3$ que faz corresponder a cada ponto (tripla ordenada) $(x, y, z) \in B$ um (único) vetor $g(x, y, z) := g_1(x, y, z)\overrightarrow{i} + g_2(x, y, z)\overrightarrow{j} + g_3(x, y, z)\overrightarrow{k} = g_1(x, y, z)e_1 + g_2(x, y, z)e_2 + g_3(x, y, z)e_3$, onde $e_1 := (1, 0, 0)$, $e_2 := (0, 1, 0)$ e $g_3 := (0, 0, 1)$ são os elementos que constituem chamada base canônica do $\mathbb{R}^3$ (espaço tridimensional real) e $g_1, g_2, g_3 : B \to \mathbb{R}$ são as chamadas funções coordenadas do campo vetorial no espaço. Novamente, como um abuso de linguagem e de notação simbólica, com certa frequência, vamos escrever a expressão analítica que define um campo vetorial espacial simplesmente como sendo $g(x, y, z) := (g_1(x, y, z), g_2(x, y, z), g_3(x, y, z))$.*

Exemplo 1.1. *Sejam $A := \mathbb{R}^2$ e $B := \mathbb{R}^3$. Então, podemos ver $f : \mathbb{R}^2 \to \mathbb{R}^2$ e $g : \mathbb{R}^3 \to \mathbb{R}^3$ dadas, respectivamente, por $f(x,y) := (e^{x+y}, e^{x-y})$ e $g(x, y, z) := (x, x + y, x + y + z)$ como campos vetoriais em $\mathbb{R}^2$ e em $\mathbb{R}^3$, respectivamente. Neste caso, as funções coordenadas do campo vetorial planar f são $f_1, f_2 : \mathbb{R}^2 \to \mathbb{R}$ dadas por $f_1(x, y) := e^{x+y}, f_2(x, y) := e^{x-y}$ e as funções coordenadas do campo vetorial espacial g são $g_1, g_2, g_3 : \mathbb{R}^3 \to \mathbb{R}$ dadas por $g_1(x, y, z) := x, g_2(x, y, z) := x+y, g_3(x, y, z) := x+y+z$. Trata-se do campo g um campo linear,* *pois suas funções coordenadas são funções lineares, ou seja, são combinações lineares das variáveis reais independentes* x, y, z.

OBSERVAÇÃO 1.1. *Um campo vetorial planar ou espacial será dito de classe* C^k *em um aberto se suas funções componentes todas o forem. No caso, os campos do exemplo anterior são de classe* C^∞ *(mais do que isso, são campos vetoriais analíticos, pois todas as suas funções componentes os são). Como um exemplo, mostremos que a função componente* $f_1 : \mathbb{R}^2 \to \mathbb{R}$ *dada por* $f_1(x, y) := e^{x+y}$ *é analítica e determinemos sua expansão em série de Taylor (i.e, sua série de potências centrada na origem* $(0, 0)$ *do plano* $\mathbb{R}^2$ *nas variáveis reais independentes* x, y*). Temos que, como a função exponencial complexa* $\exp : \mathbb{C} \to \mathbb{C}$ *dada por* $e^z = e^{x+iy} := e^x e^{iy} = e^x(\cos(y)+i\,sen(y))$, *onde* $e^{iy} = cis(y) = \cos(y)+i\,sen(y), y \in \mathbb{R}$ *(fórmula de Euler) é um homomorfismo do grupo aditivo dos números complexos* $G_1 := (\mathbb{C}, +)$ *no grupo multiplicativo dos números complexos não nulos* $G_2 := (\mathbb{C}/0, .)$, *i.e,* $\exp(z+w) = e^z.e^w, \forall z, w \in \mathbb{C}$, *vai valer que a função componente* f_1 *pode ser escrita como* $f_1(x, y) = \exp(x + y) = e^x.e^y, \forall (x, y) \in \mathbb{R}^2$. *Segue, então, que* f_1 *é uma função analítica, pois é o produto de duas funções analíticas nas variáveis reais independentes* x *e* y, *a saber* $\mathbb{R} \ni x \mapsto f(x) := e^x$ *e* $\mathbb{R} \ni y \mapsto f(y) := e^y$. *Continuando, sua expansão em série de Taylor em torno da origem pode ser obtida de dois modos, a saber: primeiro, usando o Princípio da Conservação das Propriedades Funcionais (PCPF) (ver meu livro Introdução ao Cálculo Numérico em uma Única Variável Complexa via o Princípio da Conservação das Propriedades Funcionais), escrevemos* $x + y := v$ *e expandimos a função* $v \mapsto e^v$ *em série de Taylor, obtendo* $e^v = \sum_{n=0}^{+\infty} \frac{v^n}{n!}, \forall v \in \mathbb{R}$, *ou seja, que* $f_1(x, y) = \exp(x + y) = \sum_{n=0}^{+\infty} \frac{(x+y)^n}{n!}, \forall (x, y) \in \mathbb{R}^2$. *De maneira secundária,* $f_1(x, y) = \exp(x + y) = e^x.e^y = \sum_{n=0}^{+\infty} \frac{x^n}{n!}. \sum_{n=0}^{+\infty} \frac{y^n}{n!}, \forall (x, y) \in \mathbb{R}^2$, *que é um outro modo (equivalente) de se escrever o mesmo resultado obtido logo acima. De fato, podemos notar que* $(x + y)^n$ *pode ser desenvolvido pelo binômio de Newton, tornando assim equivalentes as expressões "* $\sum_{n=0}^{+\infty} \frac{(x+y)^n}{n!}$ *" e "* $\sum_{n=0}^{+\infty} \frac{x^n}{n!}. \sum_{n=0}^{+\infty} \frac{y^n}{n!}$ *" (os detalhes são deixados como um exercício para os leitores).*

Para finalizar essa observação, seja $f : A \to \mathbb{R}^2$ *um campo vetorial definido no aberto* A *do plano cartesiano* $\mathbb{R}^2$. *Em termos de suas funções componentes, podemos escrever* $f(x, y) = (f_1(x, y), f_2(x, y))$. *Vamos supor que a função componente* $f_1 : A \to \mathbb{R}$ *seja de classe* C^k *em* A, *mas não de classe* C^{k+1} *em* A *e que a função componente* $f_2 : A \to \mathbb{R}$ *seja de classe* C^r *em* A *onde* $r > k$. *Então, diremos que o campo* f *é de classe* C^k *em* A. *Por exemplo, consideremos o campo vetorial planar* $f : \mathbb{R}^2 \to \mathbb{R}$ *dado componentemente por* $f(x, y) := (|x - y|, \exp(x^2 - y^2))$. *A função componente* $f_1(x, y) := |x - y|$ *não é diferenciável em aberto algum do plano que contenha pontos da reta cuja equação cartesiana é dada por* $y = x$, *i.e, em ponto algum da bissectriz dos quadrantes ímpares. De fato, isso ocorre, pois a função real de uma única variável real* $x \mapsto |x|$ *não é derivável em* $x_0 = 0$, *já que seu gráfico é "anguloso" nesse ponto, significando isso que seu gráfico possui um "bico" ou "quina" nesse ponto. Dessa forma, em qualquer ponto do plano que satisfaça a condição de que* $y = x$ *faz com que* f_1 *não seja de classe* C^1 *nesse ponto. Como o campo* f *está definido em todo o plano* $\mathbb{R}^2$, *segue que a função componente* f_1 *não é de classe* C^1 *em* $\mathbb{R}^2$, *porém é de classe* C^0, *ou seja, é uma função contínua em todo plano. Podemos notar que a função* $f_2(x, y) := \exp(x^2 - y^2)$ *é analítica em todo o plano* $\mathbb{R}^2$, *já que é composta de funções analíticas, a saber, a exponencial e funções polinomiais. (Muito) em particular,* f_2 *é de classe* C^∞ *em todo o plano, ou seja, de classe* C^k, *para todo* $k \in \mathbb{N}$. *Segundo nossa convenção, sendo uma função componente de classe* C^0 *e outra de classe* C^∞, *o campo* f *exemplificado acima será dito de classe* C^0 *em todo o plano, ou seja, apenas contínuo em* $\mathbb{R}^2$. *Tal campo será analítico em qualquer aberto do plano que não contenha pontos da reta de equação cartesiana dada por* $y = x$. *Tudo o que discutimos aqui também se enquadra no caso de campos vetorial em* $\mathbb{R}^3$.

Exercício: Forneça um exemplo de um campo vetorial planar de classe C^1 *em todo plano, porém não de classe* C^2 *em todo o plano.*

Exercício resolvido: Seja $f : A \to \mathbb{R}^2$ *o campo vetorial planar dado por* $f(x, y) := (\sqrt{x^2 - y^2}, \ln(x + y))$. *Mostre que o domínio maximal desse campo é dado por* $A := \{(x, y) \in \mathbb{R}^2; y \geq x, y > -x\}$ *e que nesse domínio trata-se de* f *um campo analítico. De fato, no sentido real, a função componente* $f_1(x, y) := \sqrt{x^2 - y^2}$ *está definida quando* $x^2 - y^2 \geq 0$. *Já a função componente* $f_2(x, y) := \ln(x + y)$ *está definida, no sentido real, quando* $x + y > 0$. *O domínio maximal do campo vetorial* f *será dado pela condição simultânea descrita pelas duas desigualdades dadas anteriormente. Podemos notar que, sendo* $x^2 - y^2 = (x - y)(x + y), \forall x, y \in \mathbb{R}$, *então,* $x^2 - y^2 = (x + y)(x - y) \geq 0 \Rightarrow y \geq x$ *ou* $y \geq -x$. *Ainda, podemos notar, agora, que a condição descrita pela segunda função componente transforma o "ou" na condição acima parcialmente em "e", ou seja,* $y \geq x$ *e* $y > -x$. *De fato, como deve-se ter* $y \geq x$, *então* $x^2 - y^2 = (x + y)(x - y) > 0 \Rightarrow x + y > 0 \Rightarrow y > -x$. *Logo, deve-se ter que* $y \geq x$ *e* $y > x$, *sendo* A, *portanto, dado por* $A := \{(x, y) \in \mathbb{R}^2; y \geq x, y > -x\}$. *Nesse domínio as funções* f_1, f_2 *são analíticas, pois são composições de funções elementares do cálculo. Nesse caso, o domínio* A, *assim descrito, não é um aberto, por causa da sentença "fechada"* $y \geq x$. *Mas, podemos torná-lo aberto retirando a condição de igualdade na última desigualdade não estrita acima, obtendo a condição* $y > x$. *Dessa forma, as duas desigualdades simultâneas* $y > x$ *e* $y > -x$ *nos conduz à condição de que* $y > |x|$ *e, portanto, o maior domínio aberto no qual o campo* f *está definido e (alí é um campo analítico, por restrição) é o subconjunto* $A := \{(x, y) \in \mathbb{R}^2; y > |x|\}$.

Exercício resolvido: Mostre que o domínio maximal A *do campo vetorial planar* $f : A \to \mathbb{R}^2$ *dado por* $f(x, y) := (\ln(x^2 + x), \sqrt{y^2 - y})$ *é o subconjunto do plano descrito pela união disjunta de quatro subconjuntos* $A := A_1 \cup A_2 \cup A_3 \cup A_4$, *onde* $A_1 := \{(x, y) \in \mathbb{R}^2; x < -1, y \leq 0\}$, $A_2 := \{(x, y) \in \mathbb{R}^2; x < -1, y \geq 1\}$, $A_3 := \{(x, y) \in \mathbb{R}^2; x > 0, y \leq 0\}$, $A_4 := \{(x, y) \in \mathbb{R}^2; x > 0, y \geq 1\}$. *De fato, o domínio maximal, no sentido real, da função componente* $f_1(x, y) := \ln(x^2 + x)$ *é o conjunto de pontos do plano onde* $x^2 + x > 0$ *e sem condição alguma em* y, *i.e, a variável* y *fica livre. Temos que* $x^2 + x = x(x + 1) = 0 \Leftrightarrow x = 0$ *ou* $x + 1 = 0 \Leftrightarrow x = 0$ *ou* $x = -1 \Rightarrow x^2 + x = x(x + 1) > 0 \Leftrightarrow x < -1$ *ou* $x > 0$. *Por sua vez, o domínio maximal da função componente* $f_2(x, y) := \sqrt{y^2 - y}$ *é o conjunto de pontos do plano onde* $y^2 - y \geq 0$ *e a variável* x *varia livremente. Temos que* $y^2 - y = y(y - 1) = 0 \Leftrightarrow y = 0$ *ou* $y = 1 \Rightarrow y^2 - y = y(y - 1) \geq 0 \Leftrightarrow y \leq 0$ *ou* $y \geq 1$. *Podemos observar que ao removermos as sentenças "fechadas" nas condições na variável* y *em* A_1, A_2, A_3, A_4 *ao escrevermos "*$y < 0$*" e "*$y > 1$*" no lugar de "*$y \leq 0$*" e "*$y \geq 1$*", vamos obter quatro conjuntos abertos e conexos onde o campo* f *pode ser definido e obtidos campos analíticos. Na verdade, esses conjuntos são os interiores de* A_1, A_2, A_3, A_4 *descritos por* $intA_1 := \{(x, y) \in \mathbb{R}^2; x < -1, y < 0\}$, $intA_2 := \{(x, y) \in \mathbb{R}^2; x < -1, y > 1\}$, $intA_3 := \{(x, y) \in \mathbb{R}^2; x > 0, y < 0\}$, $intA_4 := \{(x, y) \in \mathbb{R}^2; x > 0, y > 1\}$. *A união desses quatro conjuntos é um aberto (já que a união de conjuntos abertos é, ainda, um conjunto aberto) que pode ser visto como o domínio maximal aberto do campo* f, *i.e, o maior aberto que "serve" como domínio para o campo* f. *Recomendamos que os leitores façam os desenhos dessas quatro regiões no plano.*

Uma das ideias deste texto, é a de decompor campos vetoriais definidos em abertos do plano $\mathbb{R}^2$ *que satisfazem a condição de holomorfia da análise complexa em componentes mais "simples", como em partes "irrotacionais" e "solenoidais". Esse tipo de problema é conhecido como "Problema de Helmholtz". Como um importante fato histórico, Hermann Ludwig Ferdinand von Helmholtz (1821 – 1894) foi um físico e médico alemão que fez contribuições importantes em várias áreas do conhecimento científico e, em particular, na teoria da estabilidade hidrodinâmica. A Associação Helmholtz, maior associação alemã de instituições de pesquisa, é nomeada em sua homenagem. Um pouco mais adiante vamos mostrar que o conceito de "campo rotacional" de um campo vetorial tridimensional, também pode ser aplicado, de maneira relativamente natural, para campos vetoriais planares.*

Definição 1.2. *Seja $f : A \longrightarrow \mathbb{R}^3$ um campo vetorial tridimensional definido e de classe, pelo menos, C^1 no aberto $A \subseteq \mathbb{R}^3$. Seja ele escrito $f(x, y, z) := (f_1(x, y, z), f_2(x, y, z), f_3(x, y, z))$ em termos de suas funções componentes. O seu campo (vetorial) rotacional associado é definido como sendo $Rot_f : A \longrightarrow \mathbb{R}^3$ dado por*

$$Rot_f(x, y, z) :=$$
$$\left(\frac{\partial f_3}{\partial y}(x, y, z) - \frac{\partial f_2}{\partial z}(x, y, z)\right)\overrightarrow{i} + \left(\frac{\partial f_1}{\partial z}(x, y, z) - \frac{\partial f_3}{\partial x}(x, y, z)\right)\overrightarrow{j} + \left(\frac{\partial f_2}{\partial x}(x, y, z) - \frac{\partial f_1}{\partial y}(x, y, z)\right)\overrightarrow{k}$$

Essa expressão pode ser "memorizada" por intermédio do determinante "simbólico" dado por

$$\det \begin{bmatrix} \overrightarrow{i} & \overrightarrow{j} & \overrightarrow{k} \\ \frac{\partial}{\partial x} & \frac{\partial}{\partial y} & \frac{\partial}{\partial z} \\ f_1 & f_2 & f_3 \end{bmatrix}$$

o qual pode ser "desenvolvido" pela regra (ou método) de Sarrus para o determinante de ordem igual a 3, chegando-se na definição fornecida acima. Destacamos que este determinante é "simbólico", pois tecnicamente falando, os elementos de uma matriz devem todos ser da mesma natureza, i.e, ou todos são números (reais ou complexos), ou outras matrizes, etc, mas quando os elementos são de natureza distinta ele se torna apenas "simbólico".

O divergente do campo f é a função escalar $Div_f : A \longrightarrow \mathbb{R}$ dado por

$$Div_f(x, y, z) := \frac{\partial f_1}{\partial x}(x, y, z) + \frac{\partial f_2}{\partial y}(x, y, z) + \frac{\partial f_3}{\partial z}(x, y, z).$$

Observação 1.2. *Em termos de notação com índices, alternativamente, podemos escrever o campo em termos de suas funções componentes, $f(x, y, z) := (f^1(x, y, z), f^2(x, y, z), f^3(x, y, z))$ e, desse modo, seu rotacional se escreve como*

$$Rot_f(x, y, z) = (f_y^3(x, y, z) - f_z^2(x, y, z))\overrightarrow{i} + (f_z^1(x, y, z) - f_x^3(x, y, z))\overrightarrow{j} + (f_x^2(x, y, z) - f_y^1(x, y, z))\overrightarrow{k}$$

Exemplo 1.2. *Vamos determinar explicitamente o rotacional e o divergente do campo vetorial tridimensional $f : \mathbb{R}^3 \longrightarrow \mathbb{R}^3$ dado componentemente por $f(x, y, z) := (x, x^2 + y^2, x^3 + y^3 + z^3)$. Para isso, devemos determinar todas as derivadas parciais de primeira ordem das funções componentes $f^1, f^2, f^3 : \mathbb{R}^3 \longrightarrow \mathbb{R}^3$ dadas por $f^1(x, y, z) := x, f^2(x, y, z) := x^2 + y^2, f^3(x, y, z) := x^3 + y^3 + z^3$. Temos que, $f_x^1 = 1, f_y^1 = f_z^1 = 0, f_x^2 = 2x, f_y^2 = 2y, f_z^2 =$*

$0, f_x^3 = 3x^2, f_y^3 = 3y^2$ *e* $f_z^3 = 2z^2 \Rightarrow Rot_f(x,y,z) = (3y^2 - 0)\overrightarrow{i} + (0 - 3x^2)\overrightarrow{j} + (2x - 0)\overrightarrow{k} = 3y^2\overrightarrow{i} - 3x^2\overrightarrow{j} + 2x\overrightarrow{k} \approx (3y^2, -3x^2, 2x)$, *ou seja, identificamos, via convenção estabelecida no início do texto, o vetor tridimensional* $3y^2\overrightarrow{i} - 3x^2\overrightarrow{j} + 2x\overrightarrow{k}$ *com a tripla ordenada (ponto espacial)* $(3y^2, -3x^2, 2x)$. *Podemos notar que, o rotacional desse campo vetorial não depende da variável* z *e cada função coordenada depende apenas da variável* x *ou apenas da variável* y. *Ainda,* $Div_f(x,y,z) = 1 + 2y + 2z^2$ *e, dessa forma, o divergente do campo vetorial* f *não depende explicitamente da variável (coordenada)* x.

Exercício: Construa explicitamente um campo vetorial espacial $f : \mathbb{R}^3 \to \mathbb{R}^3$, *dado componentemente por* $f(x,y,z) := (f_1(x,y,z), f_2(x,y,z), f_3(x,y,z))$, *onde seu campo rotacional associado não dependa explicitamente da variável* x, *mas dependa explicitamente das variáveis* y *e* z *e seu divergente não dependa explicitamente da variável* z, *mas dependa explicitamente das variáveis* x *e* y.

Observação 1.3. *(Interpretação física de rotacional e divergente para campos vetoriais espaciais). O campo rotacional de um campo vetorial espacial mede a circulação desse campo vetorial ao longo de um contorno em relação a área delimitada por esse mesmo contorno. Já o divergente de um campo vetorial espacial mede o fluxo desse campo vetorial que atravessa uma superfície fechada ao longo do volume interno dessa superfície. Para mais informações dessa natureza, recomendamos aos leitores a consultarem as referências bibliográficas fornecidas no final do texto.*

Definição 1.3. *Um campo vetorial planar* $f : A \to \mathbb{R}^2$ *dado de maneira componente por* $f(x,y) := (f_1(x,y), f_2(x,y))$ *definido e de classe, pelo menos,* C^2 *no aberto (de preferência conexo)* $A \subseteq \mathbb{R}^2$, *é dito ser um campo harmônico (em* A*) se suas funções componentes* $f_1, f_2 : A \to \mathbb{R}$ *são, todas elas, funções harmônicas (em* A*). De maneira substancialmente analógica, um campo vetorial tridimensional* $g : B \to \mathbb{R}^3$ *dado componentemente por* $g(x,y,z) := (g_1(x,y,z), g_2(x,y,z), g_3(x,y,z))$ *definido e de classe, pelo menos,* C^2 *no aberto (de preferência conexo)* $B \subseteq \mathbb{R}^3$, *é dito ser um campo harmônico (em* B*) se suas funções componentes* $g_1, g_2, g_3 : B \to \mathbb{R}$ *são, todas elas, funções harmônicas (em* B*).*

Observação 1.4. *Sejam* $f : A \to \mathbb{R}$ *e* $g : B \to \mathbb{R}$ *funções definidas e de classe, pelo menos,* C^2 *nos abertos (de preferência conexos)* $A \subseteq \mathbb{R}^2$ *e* $B \subseteq \mathbb{R}^3$. *Assim, podemos escrever* $f = f(x,y)$ *e* $g = g(x,y,z)$. *Diremos que* f *e* g *são funções harmônicas em* A *e* B, *respectivamente, se*

$$f_{xx}(x,y) + f_{yy}(x,y) = 0, \quad \forall (x,y) \in A$$

e

$$g_{xx}(x,y,z) + g_{yy}(x,y,z) + g_{zz}(x,y,z) = 0, \quad \forall (x,y,z) \in B.$$

Observação 1.5. *Sejam $f : A \to \mathbb{R}$ e $g : B \to \mathbb{R}$ funções definidas e de classe, pelo menos, C^2 nos abertos (de preferência conexos) $A \subseteq \mathbb{R}^2$ e $B \subseteq \mathbb{R}^3$. Assim, podemos escrever $f = f(x,y)$ e $g = g(x,y,z)$. O Laplaciano (em A) da função real de duas variáveis reais f é $\Delta_f : A \to \mathbb{R}$ dado por $\Delta_f(x,y) := f_{xx}(x,y) + f_{yy}(x,y)$. De maneira substancialmente analógica, o Laplaciano (em B) da função real de três variáveis reais g é $\Delta_g : B \to \mathbb{R}$ dado por $\Delta_g(x,y,z) := g_{xx}(x,y,z) + g_{yy}(x,y,z) + g_{zz}(x,y,z)$. O Laplaciano pode ser encarado como um operador diferencial parcial do tipo elíptico. Existem outros tipos de operadores diferenciais parciais além do tipo elíptico, a saber: os do tipo hiperbólico (que ocorrem de maneira natural em fenômenos da natureza), os do tipo parabólico e os do tipo loxodrômico (que, de certa forma, "engloba" o caso hiperbólico). Para mais informações sobre estes conceitos, consultar a (excenlente) referência de número [10], fornecida nas referências bibliográficas no final do texto.*

Observação 1.6. *Uma função real de duas varíáveis reais $f : A \to \mathbb{R}$ definida no subconjunto aberto conexo $A \subseteq \mathbb{R}^2$ pode, perfeitamente, ter laplaciano nulo (i.e, ser harmônica) em A sem ser de classe C^2 em A. De fato, existem funções reais de duas variáveis reais que são diferenciáveis em seus domínios, porém não são de classe C^1 nesse domínio. Nesse caso, suas derivadas parciais de primeira ordem, vistas como funções de duas variáveis reais, são necessariamente descontínuas nesse domínio (lembrem-se, toda função real de duas variáveis reais que possui derivadas parciais de primeira ordem contínuas em um aberto conexo do plano, i.e, que são de classe C^1 nesse aberto conexo, são diferenciáveis nesse domínio). É o caso da função real de duas variáveis reais*

$$f = f(x,y) := \begin{cases} x^3\, sen\left(\dfrac{1}{x^3}\right) + y^3\left(sen(\dfrac{1}{y^3}\right) & , \quad xy \neq 0 \\ 0 \quad , \quad xy = 0 \end{cases}$$

Deixamos a cargo dos leitores verificarem esse fato para a função acima descrita. Dessa forma, existem funções reais de duas variáveis reais que possuem todas as derivadas de segunda ordem em um aberto conexo do plano, porém, pelo menos uma das derivadas parciais de segunda ordem são descontínuas nesse domínio. Deixamos a cargo dos leitores exibirem uma função desse tipo, ou seja, que não é de classe C^2 em um aberto conexo do plano, porém possui derivadas parciais de segunda ordem onde, pelo menos, uma delas é *descontínua e seu Laplaciano é nulo nesse domínio (recomendamos aos leitores a tentarem "readaptar" a função descrita acima, depois de os mesmos terem mostrado o que foi deixado como exercício referente a essa função). Ocorre, entretanto, que uma função que possui Laplaciano nulo em um aberto conexo do plano real é* <u>localmente</u> *de classe C^2 nesse aberto, pois de acordo com a teoria das funções complexas de uma única variável complexa, toda função harmônica é localmente a parte real ou imaginária de uma função holomorfa. Como toda função holomorfa em um aberto conexo é analítica nesse mesmo aberto conexo, segue que toda função holomorfa é, em particular, de classe C^∞ nesse domínio. Logo, mais em particular ainda, essa função holomorfa é de classe C^2 nesse domínio, e sendo suas partes real e imaginárias funções harmônicas (conjugadas) nesse domínio, segue que toda função harmônica é localmente de classe C^1 em seu domínio (que sempre deve ser considerado um aberto conexo do plano). Vale lembrar que tudo o que foi dito aqui para o caso planar vale também para o caso tridimensional, porém, nesse caso, os argumentos não são decorrentes de propriedades de funções holomorfas, já que $\dim \mathbb{R}^3_{\mathbb{R}} = 3$ e holomorfia vale apenas em dimensão real par. Por fim, as funções que são harmônicas mas não são de classe C^2 (globalmente, pois como vimos acima, localmente sempre as são) não recebem nomes especiais. Isso se deve ao seguinte fato: é possível mostrar, usando Teoria da Medida, que a "grande maioria" das funções diferenciáveis são de classe C^1, i.e, escolhida uma medida adequada, o conjunto das funções que são diferenciáveis em um aberto conexo (do plano ou do espaço) mas não são de classe C^1 nesse domínio, possui medida nula no conjunto das funções diferenciáveis. Nesse sentido, funções harmônicas podem ser consideradas sempre como sendo de classe C^2, i.e, o conjunto constituído pelas funções harmônicas que não são de classe C^2 em um aberto conexo (do plano ou do espaço) possui medida nula no conjunto das funções harmônicas (de duas ou três variáveis reais). De fato, se uma função real de duas ou três variáveis reais for harmônica em um aberto conexo (do plano ou do espaço) e nesse domínio ela não for de classe C^2, então em um "pedaço menor" desse domínio ela o será, ou seja, localmente será de classe C^2 nesse domínio.*

Exemplo 1.3. *Vamos verificar que é harmônico o campo vetorial espacial $f : \mathbb{R}^3 \to \mathbb{R}^3$ dado por $f(x,y,z) := (e^x(\cos(y) + sen(z)), 2x^2 - (y^2 + z^2), p_1(x) + p_2(y) + p_3(z))$, onde $p_1 = p_1(x), p_2 = p_2(y), p_3 = p_3(z)$ são funções polinomiais de grau igual a 1 em x para p_1, em y para p_2 e em z para p_3, i.e, $p_1(x) := a_1x + a_2, p_2(y) := b_1y + b_2, p_3(z) := c_1z + c_2$, onde $a_1 \neq 0, a_2, b_1 \neq 0, b_2, c_1 \neq 0, c_2$ são constantes reais arbitrárias. Temos que verificar, separadamente, que cada uma das funções coordenadas do campo f são funções harmônicas das três variáveis* *reais independentes* x, y, z. *Para a primeira função coordenada, temos que* $e^x(\cos(y) + sen(z)) = e^x \cos(y) + e^x sen(z), \forall (x, y, z) \in \mathbb{R}^3$. *A função* $(x, y, z) \mapsto e^x \cos(y)$ *pela combinação de dois motivos, a saber: em primeiro lugar,* $e^x \cos(y)$ *é a parte real da função holomorfa* $x + iy \mapsto \exp(x + iy)$ *(lembrando que as partes real e imaginária de uma função complexa de uma única variável complexa holomorfa são harmônicas e conjugadas); em segundo lugar, ela não depende explicitamente da variável* z *e, portanto,* $\exp_{zz}(x + iy) = 0, \forall (x, y, z) \in \mathbb{R}^3$. *De forma inteiramente analógica, a função* $(x, y, z) \mapsto e^x sen(z)$ *é harmônica pela combinação dos mesmos dois motivos do caso anterior, a saber: em primeiro lugar,* $e^x sen(z)$ *é a parte imaginária da função holomorfa* $x + iz \mapsto \exp(x + iz)$*; em segundo lugar, ela não depende explicitamente da variável* y *e, portanto,* $\exp_{yy}(x + iz) = 0, \forall (x, y, z) \in \mathbb{R}^3$. *Sendo assim, a função coordenada* $(x, y, z) \mapsto e^x(\cos(y) + sen(z))$ *é harmônica, pois sendo o Laplaciano um operador diferencial (parcial de segunda ordem do tipo elíptico e, portanto, linear), então a soma de funções harmônicas (bem como o produto de uma função harmônica por um escalar) é, ainda, uma função harmônica, o que é o nosso caso.*

O tratamento para o caso da função coordenada $(x, y, z) \mapsto 2x^2 - (y^2 + z^2)$ *é substancialmente analógico. De fato, podemos escrever que* $2x^2 - y^2 - z^2 = (x^2 - y^2) + (x^2 - z^2), \forall (x, y, z) \in \mathbb{R}^3$ *e, portanto, podemos usar um argumento substancialmente analógico ao caso anterior correspondente à primeira função coordenada do campo estudado. Com efeito, a função* $(x, y, z) \mapsto x^2 - y^2$ *é harmônica, pois, além de não depender explicitamente da variável* z*, ela é a parte real da função holomorfa* $x + iy \mapsto (x + iy)^2$. *Algo muito parecido ocorre com a função* $(x, y, z) \mapsto x^2 - z^2$*, a qual não depende da variável* y *e é parte real da função holomorfa* $(x + iz) \mapsto (x + iz)^2$. *O fato de que a função* $(x, y, z) \mapsto 2x^2 - (y^2 + z^2) = (x^2 - y^2) + (x^2 - z^2)$ *é harmônica segue do fato de que ela é a soma de funções harmônicas e da condição já mencionada anteriormente de que o Laplaciano pode ser visto como um operador linear (diferencial de segunda ordem, onde os argumentoss são funções reais de duas ou três variáveis reais).*

Por fim, a terceira componente do campo vetorial espacial f *pode ser vista como sendo a função real de três variáveis reais dada por* $\widetilde{p} = \widetilde{p}(x, y, z) := p_1(x) + p_2(y) + p_3(z) = a_1 x + b_1 y + c_1 z + d$*, onde* $d := a_2 + b_2 + c_2$. *Assim,* $\widetilde{p}_x(x, y, z) = a_1, \widetilde{p}_y(x, y, z) = b_1, \widetilde{p}_z(x, y, z) = c_1 \Rightarrow \widetilde{p}_{xx}(x, y, z) = \widetilde{p}_{yy}(x, y, z) = \widetilde{p}_{zz}(x, y, z) = 0, \forall (x, y, z) \in \mathbb{R}^3 \Rightarrow \widetilde{p}_{xx}(x, y, z) + \widetilde{p}_{yy}(x, y, z) + \widetilde{p}_{zz}(x, y, z) = 0, \forall (x, y, z) \in \mathbb{R}^3 \Rightarrow \widetilde{p}$ *é uma função harmônica (de fato,* $\widetilde{p}$ *é uma função afim das variáveis reais independentes* x, y, z*, i.e, uma função polinomial de grau igual a* 1 *nessas mesmas variáveis). Portanto, como as funções coordenadas desse campo vetorial* *são funções harmônicas, então segue que, por definição, o campo f é um campo harmônico (em todo $\mathbb{R}^3$).*

Exemplo 1.4. *Sejam $f, g : A \to \mathbb{C}$ funções complexas de uma única variável complexa definidas e holomorfas no aberto $A \subseteq \mathbb{C}$. Então, o campo vetorial planar $F : \mathbb{R}^2 \to \mathbb{R}^2$ dado por $F(x,y) := (k_1Re(f) + k_2Im(f), k_3Re(g) + k_4Im(g))$, onde k_1, k_2, k_3, k_4 são constantes reais quaisquer, é um campo harmônico em todo o plano cartesiano $\mathbb{R}^2$. De fato, as partes real e imaginária de qualquer função holomorfa são funções harmônicas (conjugadas) e combinações lineares de funções harmônicas são, ainda, funções harmônicas, pois o Laplaciano pode ser visto como um operador linear (parcial diferencial de segunda ordem do tipo elíptico). Esse exemplo pode ser "bastante" generalizado de diversos modos distintos. Como exemplos, as funções $(x,y) \mapsto k_1Re(f) + k_2Im(g)$ e $(x,y) \mapsto k_1Re(f) + k_2Im(f) + k_3Re(g) + k_4Im(g)$ são, as duas, funções harmônicas em todo o plano real $\mathbb{R}^2$, pelos mesmos dois motivos do exemplo anterior.*

A toda função complexa de uma única variável complexa (não necessariamente holomorfa, mas de preferência) $f = u + iv : A \to \mathbb{C}$ definida no aberto (não necessariamente conexo, mas de preferência) A, está associado um campo vetorial planar (analítco real caso a função f seja holomorfa em A) $F : A \to \mathbb{R}^2$ dado componentemente por $F(x,y) := (Re(f)(x,y), Im(f)(x,y)) = (u(x,y), v(x,y))$. A recíproca é verdadeira quando a condição de holomorfia é removida. De fato, dado o campo vetorial planar $F : A \to R^2$ definido no aberto $A \subseteq \mathbb{R}^2$, dado componentemente por $F(x,y) := (f_1(x,y), f_2(x,y))$, então está associado a F a seguinte função complexa de uma única variável complexa $f : A \to \mathbb{C}$ dada por $f(z = x + iy) = f_1(x,y) + if_2(x,y)$. Podemos notar que a função f não precisa ser holomorfa mesmo quando o campo vetorial planar F for analítico no sentido real, pois não há obrigatoriedade alguma de que as funções reais de duas variáveis reais satisfaçam as condições de Cauchy-Riemann (de fato, elas nem precisam ser harmônicas). Como um exemplo, consideremos o campo vetorial planar $F : \mathbb{R}^2 \to \mathbb{R}^2$ dado por $F(x,y) := (e^x, e^y)$. Trata-se de F um campo vetorial analítico em todo o plano $\mathbb{R}^2$, pois suas funções componentes o são. Porém, esse campo não está associado a uma função holomorfa, pois as suas funções componentes, a saber $u = u(x,y) := e^x$ e $v = v(x,y) := e^y$ não satisfazem as condições de Cauchy-Riemann em $\mathbb{R}^2$ (a verificação desse fato fica a cargo dos leitores). Logo, a função complexa de uma única variável complexa $f : \mathbb{C} \to \mathbb{C}$ dada por $f(z = x+iy) := e^x + ie^y$ não é uma função holomorfa (de fato, vamos provar adiante, em formato de teorema, que se uma função holomorfa possui parte real dependendo apenas da variável real x e a parte *imaginária dependendo apenas da variável real* y*, então* f *é a função* $f(z) := kz = k(x + iy)$*, onde* k *é uma constante real; algo semelhante ocorre se trocarmos os papéis entre* x *e* y *sendo, nesse caso, a função* f *dada por* $f(z) := -kiz$*, onde* k *é uma constante real; em nosso exemplo acima, como a função* $z = x + iy \mapsto e^x + ie^y$ *é diferente da função* $z \mapsto kz$*, então ela não pode ser holomorfa em ponto algum do seu domínio).*

Para mais informações sobre fatos da teoria das funções complexas de uma única variável complexa consultar as referências bibliográficas fornecidas no final do texto, dentre elas, o meu livro "Introdução ao Cálculo Numérico em uma Única Variável Complexa via o Princípio da Conservação das Propriedades Funcionais". Para tópicos um pouco mais avançados e delicados, consultar o livro, o qual sou autor principal, "A Projeção Canônica entre Estruturas Riemaniannas e Complexas em Superfícies".

TEOREMA 1.1. *Seja* $f : A \to \mathbb{C}$ *uma função complexa de uma única variável complexa definida e holomorfa no aberto conexo* $A \subseteq \mathbb{C}$*. Suponha que a parte real de* f *dependa apenas da variável* x *e a parte imaginária de* f *dependa apenas da variável* y*, então* f *é a função* $f(z) := kz$*, onde* k *é uma constante real. Trocando os papéis entre* x *e* y *e mantendo-se as mesmas hipóteses acima, então segue que* f *é a função* $f(z) := -kiz$*, onde* k *é uma constante real.*

DEMONSTRAÇÃO. Sob as condições das hipóteses do enunciado do teorema, podemos escrever que a função f é dada por $f(z = x + iy) = u(x, y) + iv(x, y) = h_1(x) + ih_2(y)$, onde h_1 e h_2 são funções reais de uma única variável real definidas em um intervalo aberto da reta real, digamos I ("projetando-se" o aberto conexo A sobre o eixo x das abscissas, para h_1 e sobre o eixo y das ordendas, para h_2). Já que f é uma função holomorfa, então valem as condições de Cauchy-Riemann, i.e, $u_x(x, y) = v_y(x, y), \forall (x, y) \in A$ e $u_y(x, y) = -v_x(x, y), \forall (x, y) \in A$. Em termos das funções h_1 e h_2, isso se traduz, respectivamente, nas condições $h_1'(x) = h_2'(y), \forall x, y \in I$ e $0 = 0$. Devemos, então, analisar a condição de que $h_1'(x) = h_2'(y), \forall x, y \in I$. Isso significa que, ambas, h_1' e h_2' são funções constantes e iguais a mesma constante (real), digamos, k, pois o membro esquerdo da equação só depende da variável x e o membro direito da mesma equação só depende da variável y. Logo, $h_1'(x) = h_2'(y) = k, \forall x, y \in I$. Como h_1 e h_2 são funções deriváveis (já que são as partes real e imaginária de uma função holomorfa) cujas derivadas são iguais a uma mesma constante k, então segue que $k_1'(x) = k, \forall x \in I$ e $k_2'(y) = k, \forall y \in \mathbb{R} \Rightarrow h_1(x) = kx, \forall x \in I$ e $h_2(y) = ky, \forall y \in I \Rightarrow f(z) = h_1(x) + ih_2(y) = kx + iky = k(x + iy) = kz$. Agora, trocando-se os papéis entre x e y e mantendo-se as mesmas hipóteses do caso anterior, temos que f será dada por $f(z) := h_1(y) + ih_2(x)$. As condições de Cauchy-Riemann nos dizem que $0 = 0$ e $h_1'(y) = -h_2'(x), \forall x, y \in I \Rightarrow h_1'(y) = -h_2'(x) = k, \forall x, y \in I$, onde k é uma constante real. Logo, segue que $h_1(y) = ky, \forall y \in I$ e $h_2(x) = -kx, \forall x \in I \Rightarrow f(z) = ky + i(-kx) = ky - ikx = k(y - ix) = -ki(x + iy)$, já que $-i(x + iy) = y - ix, \forall x, y \in \mathbb{R}$. □

O teorema acima mostra, como já observamos anteriormente, que se uma função complexa de uma única variável complexa que não é a função $z \mapsto kz$, tem a parte real dependendo apenas de x e a parte imaginária dependendo apenas de y, então ela não pode ser holomorfa. O mesmo ocorre com uma função complexa de uma única variável complexa que não é a função $z \mapsto -kiz$, a qual sua parte real depende apenas da variável y e sua parte imaginária depende apenas da variável x, então ela não pode ser holomorfa.

Exemplo 1.5. *As funções complexas de uma única variável complexa $f, g : \mathbb{C} \to \mathbb{C}$, dadas por $f(z) := e^y + ie^x$ e $g(z) := sen(x) + i\cos(y)$ não são funções holomorfas (em $\mathbb{C}$). De fato, f é diferente da função $z \mapsto -kiz$ e g é diferente da função $z \mapsto kz$.*

Nas mesmas linhas das ideias do resultado acima, um pouco mais adiante, nesse texto, veremos uma série de condições suficientes, porém não necessárias, para que uma função holomorfa em um aberto conexo do plano complexo seja uma função constante. De certa forma, isso mostra a "rigidez" das funções holomorfas. Por exemplo, a função $f : \mathbb{R}^2 \to \mathbb{R}^2$ dada por $f(x, y) := (x^2, y^2)$ é diferenciável no sentido de $\mathbb{R}^2$, já que suas funções coordenadas, sendo funções polinomiais, são funções analíticas reais. Entretanto, sua contra-parte complexa, a saber, $f(z) := x^2 + iy^2$ não é uma função holomorfa, pois é uma função complexa de uma única variável complexa cuja parte real depende apenas de x e cuja parte imginária depende apenas de y e que não é a função $z \mapsto kz$, onde k é uma constante real.

Exercício: Uma função complexa de uma única variável complexa que dependa explicitamente da variável conjugada $\bar{z}$ não pode ser holomorfa. Mostre que a função acima dada por $f(z) := x^2 + y^2$ depende explicitamente da variável conjugada $\bar{z}$, para isso, escrevendo-se que $x = \dfrac{z + \bar{z}}{2}$ e que $y = \dfrac{z - \bar{z}}{2i}$.

Definição 1.4. *Seja $f = u + iv : A \to \mathbb{C}$ uma função holomorfa no aberto $A \subseteq \mathbb{C}$. Podemos escrever $f(z = x + iy) = u(x, y) + iv(x, y)$. O campo vetorial planar associado a f, $F : A \to \mathbb{R}^2$, onde identificando $\mathbb{R}^2_{\mathbb{R}} \sim \mathbb{C}_{\mathbb{R}}$ como espaços vetoriais reais e, dessa forma, nos permitindo ver o aberto $A \subseteq \mathbb{C}$ no plano complexo como um aberto $A \subseteq \mathbb{R}^2$ no plano real (de* *fato, $\mathbb{C}$ e $\mathbb{R}^2$ são indistinguívies como espaços vetoriais reais e como espaços topológicos) será chamado de campo vetorial planar holomorfo, que nada mais é do que a representação real da função holomorfa f, mediante a convenção estabelecida no início do texto de que indentificaremos, às vezes, um vetor no plano por um ponto, também no plano.*

Uma importante propriedade de um campo vetorial planar holomorfo, é de que ele é um campo vetorial harmônico em seu domínio, pois as partes real e imaginária de uma função holomorfa são funções harmônicas (conjugadas). Podemos nos perguntar se um campo vetorial planar como esse pode ser simultaneamente "irrotacional" e "solenoidal", em uma espécie de "analogia" com o caso tridimensional (espacial). De fato, como veremos um pouco mais adiante, esses conceitos, a priori, definimos para campos vetoriais espaciais, podem ser, também, definidos para campos vetoriais planares. Um resultado central desse texto, é o de que um campo vetorial planar holomorfo é simultaneamente "irrotacinal" e "solenoidal" se, e só se, sua função complexa de uma única variável complexa holomorfa associada seja uma função constante. Intuitivamente, um campo vetorial planar associado a uma função holomorfa não constante, não pode ser "irrotacional" e "solenoidal" ao mesmo tempo, pois sendo a derivada de uma função holomorfa equivalente à multiplicação por um número complexo (não nulo), segue, então, que uma função holomorfa necessariamente "rotaciona não trivialmente" os pontos de seu domínio (com possível magnificação de comprimento dos afixos, no sentido de aumentar ou diminuir seus módulos, não apenas os rotacionando não trivialmente). Recomendamos aos leitores a consultarem o conceito de magnificação de ângulos por funções holomorfas na referência [1], fornecida nas referências bilbiográficas no final do texto.

Vejamos, agora, como adaptar o conceito de rotacional para o caso planar. Vimos, anteriormente, que o campo rotacional de um campo vetorial espacial $f : A \to \mathbb{R}^3$ definido e de classe, pelo menos, C^1 no aberto (de preferência conexo) $A \subseteq \mathbb{R}^3$, dado componentemente por $f(x,y,z) := (f_1(x,y,z), f_2(x,y,z), f_3(x,y,z))$ é dado por

$$Rot_f(x,y,z) = (f_y^3(x,y,z) - f_z^2(x,y,z))\overrightarrow{i} + (f_z^1(x,y,z) - f_x^3(x,y,z))\overrightarrow{j} + (f_x^2(x,y,z) - f_y^1(x,y,z))\overrightarrow{k}$$

e pode ser calculado (e memorizado) por intermédio do "determinante simbólico" dado por

$$\det \begin{bmatrix} \overrightarrow{i} & \overrightarrow{j} & \overrightarrow{k} \\ \frac{\partial}{\partial x} & \frac{\partial}{\partial y} & \frac{\partial}{\partial z} \\ f_1 & f_2 & f_3 \end{bmatrix}$$

Para o caso de um campo vetorial planar $f : A \to \mathbb{R}^2$ *definido e de classe, pelo menos,* C^1 *no aberto (de preferência conexo)* $A \subseteq \mathbb{R}^2$*, podemos usar a identificação* $\mathbb{R}^2 \ni (x, y) \sim (x, y, 0) \in \mathbb{R}^3$*, por intermédio da aplicação* $T : \mathbb{R}^2 \to \mathbb{R}^3$ *dada por* $T(x, y) := (x, y, 0)$*, a qual é uma transformação linear injetiva (porém não sobrejetiva), i.e, um monomorfismo linear (deixamos a cargo dos leitores a verificarem para* T *essas propriedades), para escrever que o campo vetorial planar* f*, em termos de suas funções componentes, será dado por* $f(x, y) := (f_1(x, y), f_2(x, y)) \sim (f_1(x, y), f_2(x, y), 0)$ *(tecnicamente falando, deveríamos escrever que* $(f_1(x, y), f_2(x, y)) \sim (\widetilde{f_1}(x, y, 0), \widetilde{f_2}(x, y, 0), 0)$*, onde as funções componentes* $\widetilde{f_1}, \widetilde{f_2}$ *são as extensões à* $\mathbb{R}^3$ *das funções componentes* f_1, f_2*, mediante a condição de que* $\widetilde{f_1}, \widetilde{f_2}$ *não dependem explicitamente da variável* z*), ou seja, tomar a terceira componente do campo vetorial (agora) espacial como sendo a função identicamente nula, i.e,* $f_3 \equiv 0$*. O que fizemos acima foi enxergar o campo vetorial planar* f *como um campo vetorial espacial onde a terceira função componente é uma função identicamente nula (mediante extensão das outras duas funções componentes à* $\mathbb{R}^3$*). Dessa forma, de posse da notação simbólica via determinante para o rotacional de um campo vetorial espacial, podemos escrever que, sendo a terceira função coordenada identicamente nula, então* $\frac{\partial}{\partial z} \equiv 0$ *e, portanto, o símbolo se tornará*

$$Rot_f(x, y) = \det \begin{bmatrix} \vec{i} & \vec{j} & \vec{k} \\ \frac{\partial}{\partial x} & \frac{\partial}{\partial y} & 0 \\ f_1 & f_2 & 0 \end{bmatrix} = \frac{\partial f_2}{\partial x}\vec{k} - \frac{\partial f_1}{\partial y}\vec{k} = \left(\frac{\partial f_2}{\partial x} - \frac{\partial f_1}{\partial y}\right)\vec{k} =$$

$$0\,\vec{i} + 0\,\vec{j} + \left(\frac{\partial f_2}{\partial x} - \frac{\partial f_1}{\partial y}\right)\vec{k} \text{``} = \text{''} \left(0, 0, \frac{\partial f_2}{\partial x} - \frac{\partial f_1}{\partial y}\right) \sim \frac{\partial f_2}{\partial x} - \frac{\partial f_1}{\partial y}$$

onde, na última passagem acima, fizemos a identificação do vetor com duas componentes nulas (ou de outro modo, da tripla ordenada com as duas primeiras entradas nulas) $0\,\vec{i} + 0\,\vec{j} + \left(\frac{\partial f_2}{\partial x} - \frac{\partial f_1}{\partial y}\right)\vec{k} = \left(0, 0, \frac{\partial f_2}{\partial x} - \frac{\partial f_1}{\partial x}\right)$ *com o número real* $\frac{\partial f_2}{\partial x}(x, y) - \frac{\partial f_1}{\partial y}(x, y)$*, semelhante ao que fizemos acima, onde identificamos um vetor no plano com um vetor no espaço cuja terceira coordenada é nula, porém, nesse caso, a "aplicação de identificação" é* $T : \mathbb{R}^3 \to \mathbb{R}$ *dada por* $T(x, y, z) := (0, 0, z)$*, a qual é uma transformação linear injetiva, porém não sobrejetiva (um monomorfismo linear, propriedades as quais deixamos para que os leitores as verifiquem).*

Assim, temos a seguinte definição:

Definição 1.5. *Seja* $f : A \to \mathbb{R}^2$ *um campo vetorial planar definido e de classe, pelo menos,* C^1 *no aberto (de preferência conexo)* $A \subseteq \mathbb{R}^2$*. Seu rotacional é definido como sendo o* escalar *(real) dado por*

$$Rot_f(x,y) := \frac{\partial f_2}{\partial x}(x,y) - \frac{\partial f_1}{\partial y}(x,y)$$

O divergente, sendo uma função escalar, é mais "facilmente" adaptado para o caso planar (aliás, para o caso n-dimensional), como se segue:

Definição 1.6. *Seja* $f : A \to \mathbb{R}^2$ *um campo vetorial planar definido e de classe, pelo menos,* C^1 *no aberto (de preferência conexo)* $A \subseteq \mathbb{R}^2$*. Seu divergente é definido como sendo o escalar (real) dado por*

$$Div_f(x,y) := \frac{\partial f_1}{\partial x}(x,y) + \frac{\partial f_2}{\partial y}(x,y)$$

Exercício: Dê interpretações físicas para o rotacional e o divergente de um campo vetorial planar, assim como fizemos no texto em relação ao rotacional e ao divergente de um campo vetorial espacial.

Exemplo 1.6. *Seja* $f : \mathbb{R}^2 \to \mathbb{R}^2$ *um campo vetorial planar dado componentemente por* $f(x,y) := (e^{x+y}, e^{x-y})$*. Vamos determinar explicitamente seu rotacional e seu divergente. Temos que, sendo* $f^1(x,y) := e^{x+y}$ *e* $f^2(x,y) := e^{x-y} \Rightarrow f^1_x(x,y) = f^1_y(x,y) = e^{x+y} = f_1(x,y), f^2_x(x,y) = e^{x-y} = f_2(x,y)$ *e* $f^2_y(x,y) = -e^{x-y} = -f_2(x,y) \Rightarrow Rot_f(x,y) = e^{x-y} - e^{x+y} = e^x e^{-y} - e^x e^y = e^x(e^{-y} - e^y) = -e^x(e^y - e^{-y}) = -2e^x\frac{(e^y - e^{-y})}{2} = -2e^x \sinh(y), \forall (x,y) \in \mathbb{R}^2$ *e* $Div_f(x,y) = e^{x+y} - e^{x-y} = f^1(x,y) - f^2(x,y) = -(e^{x-y} - e^{x+y}) = -(-2e^x \sinh(y)) = 2e^x \sinh(y), \forall (x,y) \in \mathbb{R}^2$*. Podemos notar que, para esse caso,* $Rot_f(x,y) = -Div_f(x,y), \forall (x,y) \in \mathbb{R}^2$*, e estes são de variáveis desacopladas no sentido de produto, assim como as funções coordenadas,* f^1 *e* f^2 *do campo vetorial planar* f*.*

Exercício: Construa um campo vetorial planar definido e suficientemente diferenciável em todo o plano $\mathbb{R}^2$ *que tenha rotacional e divergente iguais em todos os pontos do plano. Dê uma interpretação física para o que ocorre quando o rotacional e o divergente de um campo vetorial planar são iguais em todos os pontos de seu domínio (suposto ser um aberto conexo do plano cartesiano real).*

Definição 1.7. *Um campo vetorial (seja ele, planar ou espacial) de classe, pelo menos,* C^1 *em um aberto (de preferência conexo; no plano ou no espaço) cujo rotacional associado seja identicamente nulo, é chamado de campo irrotacional (conservativo ou lamelar). Já se o campo possuir divergente nulo, então ele é chamado de campo solenoidal (turbilionário).*

Exercício resolvido: Interprete fisicamente o que significa um campo vetorial planar ou espacial possuir rotacional e divergente nulos em seus domínios. Como uma solução, temos que: campo vetorial irrotacional implica que nada girará sob a ação exclusiva destes campos. Já campo vetorial solenoidal implica que o fluxo total que entra é o mesmo que sai.

Exercício resolvido: Considere o campo vetorial planar $f : \mathbb{R}^2 \to \mathbb{R}^2$ *dado componentemente por* $f(x, y) := (x + y^2, f^2(x, y))$, *onde a segunda função componente do campo* f, $f_2 : \mathbb{R}^2 \to \mathbb{R}$ *é uma função de classe, pelo menos,* C^1 *em todo o* $\mathbb{R}^2$.

a) Vamos encontrar explicitamente f^2 *de modo que o campo planar* f *seja irrotacional.*

b) Vamos encontrar explicitamente f^2 *de modo que o campo planar* f *seja solenoidal.*

c) O campo f *pode ser simultaneamente irrotacional e solenoidal? Justifique. Se sim, encontre, explicitamente, a função* f^2 *que satisfaz simultaneamente essas condições para o campo* f.

Solução: a) $Rot_f(x, y) = f^2_x(x, y) - 2y \Rightarrow Rot_f(x, y) = 0, \forall(x, y) \in \mathbb{R}^2 \Leftrightarrow f^2_x(x, y) = 2y, \forall(x, y) \in \mathbb{R}^2 \Leftrightarrow f^2(x, y) = \int f^2_x(x, y)dx = \int 2ydx = 2xy + g_1(y)$, *onde* $g_1 = g_1(y) : \mathbb{R} \to \mathbb{R}$. *Logo, se* $f^2(x, y) := 2xy+g_1(y)$, *para alguma função real de uma única variável real* $g_1 = g_1(y)$, *então* $f = f(x, y) := (x + y^2, +g_1(y))$ *é um campo irrotacional (deixamos aos leitores verificarem isso diretamente a partir da última* f *dada).*

b) $Div_f(x, y) = 1 + f^2_y(x, y) \Rightarrow Div_f(x, y) = 0, \forall(x, y) \in \mathbb{R}^2 \Leftrightarrow f^2_y(x, y) = -1, \forall(x, y) \in \mathbb{R}^2 \Leftrightarrow f^2(x, y) = \int f^2_y(x, y)dy = \int -1dy = -y + g_2(x), \forall(x, y) \in \mathbb{R}^2$, *onde* $g_2 = g_2(x) : \mathbb{R} \to \mathbb{R}$. *Logo, se* $f^2(x, y) := f^2(x, y) := -y + g_2(x)$, *para alguma função real de uma única variável real* $g_2 = g_2(x)$, *então* $f = f(x, y) := (x + y^2, -y + g_2(x))$ *é um campo solenoidal (deixamos aos leitores verificarem isso diretamente a partir da última* f *dada).*

c) Para que o campo vetorial planar f *seja simultaneamente irrotacional e solenoidal, devemos ter que* $2xy + g_1(y) = -y + g_2(x), \forall(x, y) \in \mathbb{R}^2$. *Ocorre que*

$$2xy + g_1(y) = -y + g_2(x), \forall(x, y) \in \mathbb{R}^2 \Leftrightarrow 2xy + y = g_2(x) - g_1(y), \forall(x, y) \in \mathbb{R}^2 \Leftrightarrow y(2x + 1) = g_2(x) - g_1(y), \forall(x, y) \in \mathbb{R}^2.$$

Podemos observar que a última igualdade acima é impossível de ocorrer, pois o membro direito é uma função de duas variáveis reais desacopladas no sentido de soma e o membro esquerdo é uma função desacoplada no sentido de produto. Logo, esse campo não pode ser simultaneamente irrotacional e solenoidal.

Observação 1.7. *Um campo vetorial (planar ou espacial) que é simultaneamente irrotacional e solenoidal é "sugestivamente" chamado de "campo harmônico". De fato, um pouco mais adiante, iremos provar que se um campo vetorial (planar ou espacial) que é simultaneamente irrotacional e solenoidal, então suas funções componentes são funções harmônicas (como veremos mais adiante, a recíproca desse fato não é verdadeira, i.e, existem campos vetoriais planares e espaciais harmônicos que não são simultaneamente irrotacionais e solenoidais). Tendo dito, uma condição necessária, porém não suficiente, para que um campo vetorial planar ou espacial seja simultaneamente irrotacional e divergente, é que suas funções componentes sejam funções harmômicas. O fato de que o campo do exemplo anterior,* $f = f(x,y) := (x+y^2, f_2(x,y))$, *não pode ser simultaneamene irrotacional e solenoidal (harmônico) é que sua primeira função componente, a saber,* $f^1 = f^1(x,y) := x+y^2$, *não é uma função harmônica. De fato,* $f^1_x(x,y) = 1, f^1_y(x,y) = 2y \Rightarrow f^1_{xx}(x,y) = 0, f^1_{yy}(x,y) = 2 \Rightarrow \Delta_f(x,y) = f^1_{xx}(x,y) + f^2_{yy}(x,y) = 2, \forall(x,y) \in \mathbb{R}^2$, *ou seja,* $\Delta_f \not\equiv 0$ *(onde esta última expressão significa que o Laplaciano não é identicamente nulo).*

Exercício: Responda à seguinte pergunta: Existe alguma interpretação física e/ou geométrica para quando o Laplaciano de uma função real de duas ou três variáveis reais é constante (porém não nulo) em um aberto conexo do plano ou do espaço? Justifique sua resposta.

Exemplo 1.7. *Os campos vetoriais, respectivamente, planar e espacial,* $f : \mathbb{R}^2 \to \mathbb{R}^2$ *e* $g : \mathbb{R}^3 \to \mathbb{R}^3$ *dados por* $f(x,y) := (x^2-y^2, 2xy^2)$ *e* $g(x,y) := (x, y^2, z^3)$ *não são simultaneamente irrotacionais e solenoidais em* $\mathbb{R}^2$ *e* $\mathbb{R}^3$*, respectivamente. De fato, o campo* f *não o é, pois sua segunda função componente, a saber* $f_2(x,y) := 2xy^2$ *não é uma função harmônica (deixamos a cargo dos leitores a verificação desse fato). Já o campo* g *não é harmônico, pois sua terceira função componente, a saber,* $g_3(x,y,z) := z^3$ *não é uma função harmônica (deixamos a cargo dos leitores a verificação desse fato).*

Exemplo 1.8. *(Exemplo de um campo vetorial planar harmônico que não é irrotacional nem solenoidal). Seja* $f : \mathbb{C} \to \mathbb{C}$ *dada por* $f(z = x+iy) := z^2 = (x+iy)^2 = (x^2-y^2) + i(2xy)$. *Essa função é holomorfa (mais ainda, inteira, já que é uma função polinomial) e pode ser vista como um campo vetorial planar analítico (por abuso de linguagem e notação)* $f : \mathbb{R}^2 \to \mathbb{R}^2$ *dada componentemente por* $f(x,y) := (x^2-y^2, 2xy)$. *As funções componentes do* *campo f, a saber, $f^1(x,y) := x^2 - y^2$ e $f^2(x,y) := 2xy$, são funções harmônicas (conjugadas), pois são, respectivamente, as partes real e imaginária da função holomorfa f. Entretanto, a função holomorfa f não pode ser vista como um campo simultaneamente irrotacional e solenoidal, mesmo suas funções componentes sendo harmônicas (lembrando que essa condição é necessária mas não suficiente). De fato, temos que ${f^1}_x(x,y) := 2x, {f^1}_y(x,y) := -2y, {f^2}_x(x,y) := 2y, {f^2}_y(x,y) := 2x \Rightarrow Rot_f(x,y) = 2y - (-2y) = 2y + 2y = 4y, Div_f(x,y) = 2x + 2x = 4x, \forall (x,y) \in \mathbb{R}^2$. Dessa forma, podemos notar que, nesse caso, o rotacional e o divergente de f se anulam apenas na origem. De fato, $Rot_f, Div_f \equiv 0 \underbrace{\Leftrightarrow}_{Rot_f, Div_f \in \mathbb{R}} (Rot_f)^2 + (Div_f)^2 = 0 \Leftrightarrow 16(x^2+y^2) = 0 \Leftrightarrow x^2 + y^2 = 0 \underbrace{\Leftrightarrow}_{x,y\in\mathbb{R}} x = y = 0 \Leftrightarrow (x,y) = (0,0)$.*

Em relação ao exemplo dado acima, podenos notar, "curiosamente", que essa função holomorfa, que por sua vez "gera" um campo vetorial planar analítico (real), onde as funções componentes são harmônicas (conjugadas), não é um campo irrotacional e nem solenoidal. Veremos, por intermédio do próximo resultado, que se f é uma função holomorfa não constante, então seu campo vetorial planar associado não pode ser simultaneamente irrotacional e solenoidal, apesar de ser harmônico. Está aí, então, fornecido uma classe (fechada) de exemplos de campos vetoriais harmônicos que não são nem irrotacionais nem solenoidais, a saber, os campos planares "holomorfos", i.e, um campo planar oriundo de uma função holomorfa. De fato, como observamos antes, uma função holomorfa rotaciona não "trivialmente" seus pontos de domínio, já que a derivada no sentido complexo consiste na multiplicação por um número complexo (e, consequentemente, consiste na "magnificação" local de ângulos, bem como na rotação dos mesmos com possíveis alterações de comprimento dos afixos/vetores $z = x + iy = (x,y)$). Temos, então, o próximo resultado.

Teorema 1.2. *Seja $f : A \to \mathbb{C}$ uma função definida e holomorfa no aberto conexo $A \subseteq \mathbb{C}$ dada por $f(z = x + iy) := f^1(x,y) + if^2(x,y)$ e consideremos seu campo vetorial planar associado $f : A \to \mathbb{R}^2$, agora "enxergando" A como subconjunto (aberto conexo) do plano $\mathbb{R}^2$, dado, em termos de suas funções componentes, por $f(x,y) := (f^1(x,y), f^2(x,y))$. Então, f é um campo vetorial planar simultaneamente irrotacional e solenoidal se, e só se, a função holomorfa f for uma função constante (em A).*

Antes de fornecermos a demonstração, vejamos um imediato (e importante) corolário desse resultado.

COROLÁRIO 1.1. *Se um campo vetorial planar holomorfo é não constante, então o seu rotacional e/ou seu divergente são não nulos. De maneira equivalente, se um campo vetorial planar não constante é irrotacional e/ou solenoidal, então ele não pode ser holomorfo.*

Vamos agora para a demonstração do resultado.

DEMONSTRAÇÃO. Seja $f : A \to \mathbb{C}$ uma função definida e holomorfa no subconjunto aberto conexo $A \subseteq \mathbb{C}$, dada por $f(z = x + iy) := f^1(x, y) + if^2(x, y)$ e seja $f : A \to \mathbb{R}^2$ seu campo vetorial planar associado dado componentemente por $f(x, y) := (f^1(x, y), f^2(x, y))$. Suponhamos que f seja um campo simultaneamente irrotacional e solenoidal. Isso signifa que, por definição,

$$Rot_f(x, y) := f_x^2(x, y) - f_y^1(x, y) = 0 \quad , \quad Div_f(x, y) := f_x^1(x, y) + f_y^2(x, y) = 0 \quad , \quad \forall(x, y) \in \mathbb{R}^2$$

e, portanto, omitindo os pontos (x, y), isso significa que

$$f_y^1 = f_x^2 \quad \text{e} \quad f_x^1 = -f_y^2.$$

Como valem as equações de Cauchy-Riemann, ou seja, $f_x^1 = f_y^2$ e $f_y^1 = -f_x^2$, então segue que $f_y^2 = -f_y^2$ e $f_x^2 = -f_x^2 \Rightarrow f_x^2 \equiv 0$ em A (i.e, f^2 não depende da variável x) e $f_y^2 \equiv 0$ em A (i.e, f^2 não depende da variável y) $\Rightarrow f^2$ não depende das variáveis $x, y \Rightarrow f_2 =$ constante. Ainda, por sua vez, isso significa que $f_x^1 \equiv 0$ e $f_y^1 \equiv 0 \Rightarrow f^1$ não depende das variáveis $x, y \Rightarrow f^1 =$ constante $\Rightarrow f = f^1 + if^2 =$ constante+$i$constante = constante (complexa).

A recíproca é verdadeira, pois todas as equações anteriores podem ser revertidas, ou mesmo pelo fato de que todo campo constante é automaticamente simultaneamente solenoidal e irrotacional.

□

OBSERVAÇÃO 1.8. *Em um determinado momento da demonstração acima, usamos o seguinte importante resultado oriundo do Cálculo de Funções de Várias Variáveis: Seja $f : A \to \mathbb{R}$ uma função definida e de classe, pelo menos, C^1 no aberto conexo $A \subseteq \mathbb{R}^n$. Assim, podemos escrever que $f = f(x_1, x_2, ..., x_{n-1}, x_n)$. Se, a derivada parcial com relação à variável x_j, $f_{x_j}(x_1, x_2, ..., x_{n-1}, x_n) = 0, \forall(x_1, x_2, ..., x_{n-1}, x_n) \in A$, onde j é um número natural compreendido entre 1 e n (inclusive), então a função f não depende explicitamente da variável x_j. Note que a condição de que A é um subconjunto aberto conexo do $\mathbb{R}^n$ é crucial para a validade do resultado. De fato, deixamos como exercício para que os leitores verifiquem que a função real de uma única variável real $f : \mathbb{R}/\{0\} \to \mathbb{R}$ dada por $f(x) := \dfrac{|x|}{x}$ tem derivada nula em todos os pontos de seu domínio, porém não é uma função constante* *(de fato, verifiquem que ela vale 1 se x é positivo e que ela vale -1 se x for negativo). Isso ocorre, pois seu domínio, apesar de ser aberto (já que consiste em um conjunto aberto menos um ponto que não é isolado e, portanto, é, também, um conjunto aberto) não é um subconjunto conexo da reta (recordando: os únicos subconjuntos conexos da reta são os intervalos, sejam eles de qualquer natureza, aberto, fechado, semiaberto, semifechado, limitado ou não limitado).*

Exemplo 1.9. *O campo vetorial planar holomorfo $f : \mathbb{R}^2 \to \mathbb{R}^2$ dado por $f(x, y) := (x^2 - y^2, 2xy)$ não é nem irrotacional nem solenoidal, já que sua função holomorfa associada é a função $f : \mathbb{C} \to \mathbb{C}$ dada por $f(z = x + iy) := z^2 = (x + iy)^2 = (x^2 - y^2) + i(2xy)$, a qual é não constante. O mesmo ocorre com o campo vetorial planar holomorfo $f : \mathbb{R}^2 \to \mathbb{R}^2$ dado por $f(x, y) := e^x(\cos(y), sen(y))$, onde a função holomorfa associada é a função exponencial complexa, i.e, a função holomorfa $f : \mathbb{C} \to \mathbb{C}$ dada por $f(z = x + iy) := e^z = e^{x+iy} := e^x e^{iy} = e^x(\cos(x) + i\,sen(y))$, a qual é uma função não constante.*

Exercício: Consideremos o seguinte campo vetorial planar $f : \mathbb{R}^2 \to \mathbb{R}^2$ dado componentemente por $f(x, y) := (2x + 7e^x \cos(y), 2y + 7e^x\,sen(y))$. Pede-se:

a) Mostre que f é um campo holomorfo e encontre explicitamente sua função holomorfa associada.

b) Mostre, de duas maneiras distintas (porém equivalentes), que esse campo não é nem irrotacional nem solenoidal, a saber: primeiro diretamente e depois usando o último resultado apresentado.

Exercício resolvido (Caracterização dos campos vetorias planares lineares e quadráticos que são simultaneamente irrotacionais e solenoidais):

a) Considere o campo vetorial planar linear $f : \mathbb{R}^2 \to \mathbb{R}^2$ dado componentemente por $f(x, y) := (ax + by, cx + dy)$, onde a, b, c, d são constantes reais quaisquer. Encontre condições nos coeficientes das funções componentes do campo para que ele seja simultaneamente irrotacional e solenoidal. Exiba explicitamente a funções complexa de uma única variável complexa associada e conclua que ela não é holomorfa de duas maneiras distintas, a saber, usando resultados obtidos anteriormente nesse texto e depois (como exercício para os leitores) usando diretamente as equações de Cauchy-Riemann (no sentido de que elas *dependem explicitamente da variável conjugada* $\overline{z}$*).*

b) Considere o campo vetorial planar quadrático $f : \mathbb{R}^2 \to \mathbb{R}^2$ *dado componentemente por* $f(x,y) := (ax^2 + bxy + cy^2, \widetilde{a}x^2 + \widetilde{b}xy + \widetilde{c}y^2)$*, onde* $a, b, c, \widetilde{a}, \widetilde{b}, \widetilde{c}$ *são constantes reais quaisquer. Encontre condições nos coeficientes das funções componentes do campo para que ele seja simultaneamente irrotacional e solenoidal. Exiba explicitamente a função complexa de uma única variável complexa associada e conclua que ela não é holomorfa de duas maneiras distintas, a saber, usando resultados obtidos anteriormente nesse texto e depois (como exercício para os leitores) usando diretamente as equações de Cauchy-Riemann (no sentido de que elas dependem explicitamente da variável conjugada* $\overline{z}$*).*

Solução: a) As funções componentes do campo f *são* $f^1, f^2 : \mathbb{R}^2 \to \mathbb{R}$ *dadas por* $f^1(x,y) := ax + by$ *e* $f^2(x,y) := cx + dy \Rightarrow f^1_x(x,y) = a, f^2_x(x,y) = c, f^1_y(x,y) = b, f^2_y(x,y) = d \Rightarrow Rot_f(x,y) = 0, \forall (x,y) \in \mathbb{R}^2 \Leftrightarrow c - b = 0 \Leftrightarrow b = c$ *e* $Div_f(x,y) = 0, \forall (x,y) \in \mathbb{R}^2 \Leftrightarrow a + d = 0 \Leftrightarrow d = -a \Rightarrow f(x,y) = (ax + by, bx - ay)$ *é um campo vetorial planar simultaneamente irrotacional e solenoidal. Encontremos a função complexa de uma única variável complexa correspondente a esse campo, para isso, usando as substituições dadas por* $x = \dfrac{z + \overline{z}}{2}$ *e* $y = \dfrac{z - \overline{z}}{2i}$*. Temos que* $f : \mathbb{C} \to \mathbb{C}$ *é dada por* $f(z = x + iy) = (ax + by) + i(bx - ay) = \frac{a}{2}(z + \overline{z}) + \frac{b}{2i}(z - \overline{z}) + i\left(\frac{b}{2}(z + \overline{z}) - \frac{a}{2i}(z - \overline{z})\right) = \frac{az + a\overline{z}}{2} - \frac{ib}{2}(z - \overline{z}) + \frac{ib}{2}(z + \overline{z}) - \frac{a}{2}(z - \overline{z}) = \frac{az + a\overline{z} - ibz + ibz + ib\overline{z} - az + a\overline{z}}{2} = \frac{2a\overline{z} + 2ib\overline{z}}{2} = a\overline{z} + ib\overline{z} = (a + ib)\overline{z}$*. A função* $z \mapsto f = f(z, \overline{z}) = f(\overline{z}) = (a + ib)\overline{z}$ *não é holomorfa, pois como vimos em um resultado anterior, um campo holomorfo é simultaneamente irrotacional e solenoidal se, e só se, sua função holomorfa associada for constante. Como o campo vetorial* $f(x,y) := (ax + by, bx - ay)$ *é simultaneamente irrotacional e solenoidal e a função complexa de uma única variável complexa associada* $f(z, \overline{z}) = (a + ib)\overline{z}$ *é não constante, então ela não pode ser holomorfa. Uma maneira mais direta de ver esse fato, é a de que ela depende explicitamente da variável conjugada* $\overline{z}$ *(agora usem as condições de Cauchy-Riemann para verem que ela não é holomorfa). Por fim, notamos que a função* f *depende explicitamente somente da variável conjugada* $\overline{z}$*, mas não da variável complexa* z*. Quando isso ocorre, sua função conjugada é necessariamente holomorfa. De fato,* $f = f(z) := \overline{z}$ *não é holomorfa, porém sua função conjugada, a saber* $\overline{f} = \overline{f(z)} = \overline{\overline{z}} = z$*, o é. Na verdade, vale o seguinte* f *holomorfa* $\Leftrightarrow \overline{f}$ *não holomorfa* $\Rightarrow \overline{f}$ *holomorfa* $\Leftrightarrow f$ *não holomorfa (a verificação desse fato é deixada como* *exercício aos leitores).*

b) As funções componentes do campo f são $f^1, f^2 : \mathbb{R}^2 \to \mathbb{R}$ dadas por $f^1(x,y) := ax^2+bxy+cy^2$ e $f^2(x,y) := \widetilde{a}x^2+\widetilde{b}xy+\widetilde{c}y^2 \Rightarrow f^1_x(x,y) = 2ax+by, f^1_y(x,y) = 2cy+bx, f^2_x(x,y) = 2\widetilde{a}x+\widetilde{b}y, f^2_y(x,y) = 2\widetilde{c}y+\widetilde{b}x \Rightarrow Rot_f(x,y) = 0, \forall(x,y) \in \mathbb{R}^2 \Leftrightarrow 2\widetilde{a}x+\widetilde{b}y-(2cy+bx) = 0, \forall(x,y) \in \mathbb{R}^2 \Leftrightarrow (2\widetilde{a}-b)x-(2c-\widetilde{b})y = 0, \forall(x,y) \in \mathbb{R}^2 \Leftrightarrow (2\widetilde{a}-b)x = (2c-\widetilde{b})y = 0, \forall(x,y) \in \mathbb{R}^2 \Leftrightarrow 2\widetilde{a}-b = 0$ e $2c-\widetilde{b} = 0 \Leftrightarrow 2\widetilde{a} = b$ e $2c = \widetilde{b}$ e $Div_f(x,y) = 0, \forall(x,y) \in \mathbb{R}^2 \Leftrightarrow 2ax+by+2\widetilde{c}y+\widetilde{b}x = 0, \forall(x,y) \in \mathbb{R}^2 \Leftrightarrow (2ax+\widetilde{b}x)+(by+2\widetilde{c}y) = 0, \forall(x,y) \in \mathbb{R}^2 \Leftrightarrow (2a+\widetilde{b})x+(b+2\widetilde{c})y = 0, \forall(x,y) \in \mathbb{R}^2 \Leftrightarrow 2a+\widetilde{b} = 0$ e $b+2\widetilde{c} = 0 \Rightarrow \widetilde{a} = \dfrac{b}{2}, \widetilde{c} = -\dfrac{b}{2} \Rightarrow \widetilde{c} = -\widetilde{a}, c = -a \Rightarrow f(x,y) = \left(ax^2+bxy-ay^2, \dfrac{b}{2}x^2-2axy-\dfrac{b}{2}y^2\right) = (a(x^2-y^2)+bxy, b(x^2-y^2)/2-2axy)$. A função complexa de uma única variável complexa associada a esse campo é $f : \mathbb{C} \to \mathbb{C}$ dada por $f(z = x+iy) = a(x^2-y^2)+bxy+i(b(x^2-y^2)/2-2axy)$. Como a função f é não constante e seu campo vetorial planar associado é simultaneamente irrotacional e solenoidal, então a função não pode ser holomorfa. De um segundo modo, mostremos que ela não é holomorfa por intermédio da presença explícita da variável conjugada $\overline{z}$; em outras palavras, a função f não satisfaz as condições de Cauchy-Riemann. Para isso, consideremos as condições de que $x = \dfrac{z+\overline{z}}{2}$ e $y = \dfrac{z-\overline{z}}{2i}$. De um modo inicial, notamos que, $x^2-y^2 = \left(\dfrac{z+\overline{z}}{2}\right)^2 - \left(\dfrac{z-\overline{z}}{2i}\right)^2 = \dfrac{1}{4}(z^2+2|z|^2+\overline{z}^2+(z^2-|z|^2+\overline{z}^2)) = \dfrac{1}{4}(2z^2+2\overline{z}^2) = \dfrac{2}{4}(z^2+\overline{z}^2) = \dfrac{\not 2}{\not 2.2}(z^2+\overline{z}^2) = \dfrac{1}{2}(z^2+\overline{z}^2)$. Ainda, também podemos notar que, $xy = \dfrac{1}{2}(z+\overline{z}).\dfrac{1}{2i}(z-\overline{z}) = \dfrac{1}{4i}(z^2-\overline{z}^2) = \dfrac{-i}{4}(z^2-\overline{z}^2) = \dfrac{i}{4}(\overline{z}^2-z^2)$. Logo, em termos de variáveis complexas, a função f pode ser escrita como sendo $f(z = x+iy) = \dfrac{a}{2}(z^2+\overline{z}^2)+\dfrac{bi}{4}(\overline{z}^2-z^2)+i(b(z^2+\overline{z}^2)/4-2a(z^2-\overline{z}^2)/4i)) = \dfrac{az^2}{2}+\dfrac{a\overline{z}}{2}+\dfrac{bi\overline{z}}{4}-\dfrac{biz^2}{4}+\dfrac{biz^2}{4}+\dfrac{bi\overline{z}}{4}-\dfrac{az^2}{2}+\dfrac{a\overline{z}}{2} = a\overline{z}^2+i\dfrac{bi}{2}\overline{z} = \left(a+\dfrac{bi}{2}\right)\overline{z}^2$.

Por fim, notamos que a função f depende explicitamente somente da variável conjugada $\overline{z}$ e, portanto, não é holomorfa (porém, como vimos na conclusão do primeiro item, sua função complexa conjugada é holomorfa).

Observação 1.9. *O campo vetorial planar $f : \mathbb{R}^2 \to \mathbb{R}^2$ dado componentemente por $f(x,y) := (ax+by, cx+dy)$ é chamado de campo linear, pois suas funções componentes, a saber, $f^1, f^2 : \mathbb{R}^2 \to \mathbb{R}$ dadas por $f^1(x,y) := ax+by)$ e $f^2(x,y) := cx+dy$ são, ambas, funções lineares das variáveis reais independentes x, y. Por sua vez, o campo vetorial planar $f : \mathbb{R}^2 \to \mathbb{R}^2$ dado componentemente por $f(x,y) := (ax^2+bxy+cy^2, \widetilde{a}x^2+\widetilde{b}xy+\widetilde{c}y^2)$ é chamado de campo quadrático, pois suas funções componentes, a saber, $f^1, f^2 : \mathbb{R}^2 \to \mathbb{R}$ dadas por*

$f^1(x,y) := ax^2 + bxy + cy^2$ e $f^2(x,y) := \widetilde{a}x^2 + \widetilde{b}xy + \widetilde{c}y^2$ são, ambas, formas quadráticas das variáveis reais independentes x, y, onde uma função quadrática real de duas variáveis reais, digamos, x, y é qualquer função polinomial de grau igual a dois homogênea de grau igual a dois nessas variáveis, i.e, qualquer função polinomial de duas variáveis reais que só contenham termos de grau igual a dois nessas variáveis, ou seja, termos do tipo "kx^2", "sy^2" e "rxy", onde k, s, r são constantes reais. Por exemplo, $Q(x,y) := x^2+2xy+3y^2$ é uma forma quadrática, enquanto que $f(x,y) := x + 2x^2 + 3xy + 4y + 5y^2$ não é uma forma quadrática, apesar de ser uma função polinomial de grau igual a 2 nas variáveis reais independentes x, y que é homogênea de grau igual a 1 nessas mesmas variáveis.

Observação 1.10. *No item a) as funções componentes do campo são funções harmônicas (pois são funções polinomiais de grau igual a um nas variáveis reais x e y) que, como veremos mais adiante, é uma condição necessária, porém não suficiente, para que um campo vetorial planar seja simultaneamente irrotacional e solenoidal. Já no item b) as funções componentes são harmônicas desde que seus coeficientes satisfaçam determinadas condições. De fato, faremos, para a primeira função componente, a saber, $f^1(x,y) := ax^2 + bxy + cy^2$ sendo a segunda inteiramente analógica. Temos que $f^1_x(x,y) = 2ax + by, f^1_y(x,y) = bx + 2cy \Rightarrow f^1_{xx}(x,y) = 2a, f^1_{yy}(x,y) = 2ax + by = 2c \Rightarrow \Delta_{f^1}(x,y) = 0, \forall (x,y) \in \mathbb{R}^2 \Leftrightarrow 2a + 2c = 2(a + c) = 0 \Leftrightarrow a + c = 0 \Leftrightarrow c = -a$. Desse modo, $f^1(x,y) := ax^2 + bxy - \widetilde{a}y^2 = a(x^2 - y^2) + bxy$ é uma função harmônica (bem como $f^2(x,y) := \widetilde{a}x^2 + \widetilde{b}xy + \widetilde{c}y^2 = \widetilde{a}(x^2 - y^2) + \widetilde{b}xy$). Entretanto, não é necessário impor estas condições para o campo f antes de se resolver o item b), pois como veremos logo adiante, se um campo vetorial planar é simultaneamente irrotacional e solenoidal, então ele é harmônico, ou seja, suas funções coordenadas são funções harmônicas das variáveis reais independentes x, y e, dessa forma, ao encontrarmos as condições nos coeficientes $a, b, c, \widetilde{a}, \widetilde{b}, \widetilde{c}$ para que o campo f seja simultaneamente irrotacional e solenoidal, então "automaticamente" a condição de que $c = -a$ surgirá!*

Nas "veias" do próximo resultado, temos que uma condição necessária, porém não suficiente, para que um campo vetorial planar (de classe C^2) seja simultaneamente irrotacional e solenoidal, é que suas funções componentes sejam funções harmônicas. De fato, que a condição é necessária é o que vai nos dizer o teorema seguinte. Já o fato de que a condição não é suficiente, como já vimos anteriormente, é que um campo vetorial planar holomorfo, o qual tem funções componentes harmônicas, só pode ser simultaneamente irrotacional e *solenoidal se ele for constante. Mais uma vez recordamos que as partes real e imaginária de uma função holomorfa são harmônicas (conjugadas).*

TEOREMA 1.3. *Consideremos um campo vetorial planar $f : A \to \mathbb{R}^2$ definido e de classe, pelo menos, C^2 no aberto (de preferência conexo) $A \subseteq \mathbb{R}^2$, dado componentemente por $f(x,y) := (f^1(x,y), f^2(x,y))$. Se esse campo f for simultaneamente irrotacional e solenoidal (em A), então suas funções componentes f^1 e f^2 são funções harmônicas (em A).*

DEMONSTRAÇÃO. Temos que

$$(Rot_f(x,y))^2 + (Div_f(x,y))^2 = 0, \forall (x,y) \in A \Leftrightarrow f_x^2(x,y) - f_y^1(x,y) = 0, f_x^1(x,y) + f_y^2(x,y) = 0, \forall (x,y) \in A \underbrace{\Leftrightarrow}_{f \in C^2(A)\ ,\ \text{derivando com respeito à x}} f_{xx}^2(x,y) = f_{yx}^1(x,y), f_{xy}^1(x,y) = -f_{yy}^2(x,y), \forall (x,y) \in \mathbb{R}^2 \underbrace{\Rightarrow}_{f \in C^2(A), \text{teorema de Clairaut-Schwarz}} f_{yx}^1(x,y) = f_{xy}^1(x,y) = f_{xx}^2(x,y) = -f_{yy}^2(x,y) \Rightarrow \Delta_{f^2}(x,y) = 0, \forall (x,y) \in A \Rightarrow f^2$$

é uma função harmônica. De maneira substancialmente analógica, derivando, com respeito à y, as igualdades $f_x^2(x,y) = f_y^1(x,y), f_x^1(x,y) = -f_y^2(x,y), \forall (x,y) \in A$, vamos encontar que f^1 é harmônica. □

EXEMPLO 1.10. *Vamos mostrar que a função complexa conjugada da função exponencial complexa é (pode ser vista como) um campo vetorial planar simultaneamente irrotacional e solenoidal (e, em particular, um campo harmônico). Antes disso, vamos relembrar um importante fato já mencionado ao longo desse texto, que diz que se uma função complexa de uma única variável complexa $f = f^1 + if^2 : A \to \mathbb{C}$ é definida e holomorfa no aberto (de preferência conexo) $A \subseteq \mathbb{C}$, então sua função complexa conjugada $\overline{f} = \overline{f^1 + if^2} = f^1 - if^2 : A \to \mathbb{C}$, não é holomorfa em A e, portanto, a função complexa conjugada da função exponencial complexa não é holomorfa em $\mathbb{C}$. Temos que, sendo a exponencial complexa a função $f : \mathbb{C} \to \mathbb{C}$ dada por $f(z) := e^z = e^{x+iy} := e^x e^{iy} = e^x(\cos(x) + i\,sen(x)) \Rightarrow \overline{f(z)} = \overline{e^z} = \overline{e^x(\cos(y) + i\,sen(y))} = \overline{e^x}\overline{(\cos(y) + i\,sen(y))} = e^x(\cos(y) - i\,sen(y)) = e^x(\cos(-y) + i\,sen(-y)) = e^x e^{i.(-y)} = e^x e^{-iy} = e^{x-iy} = e^{\overline{x+iy}} = e^{\overline{z}} = f(\overline{z}), \forall z = x + iy \in \mathbb{C}$ (a apresentação e demonstração de inúmeras propriedades da função exponencial complexa estão presentes no meu livro "Introdução ao Cálculo Numérico em uma Única Variável Complexa via o Princípio da Conservação das Propriedades Funcionais"). A condição de que $\overline{e^z} = e^{\overline{z}}, \forall z \in \mathbb{C}$, i.e, $\overline{f(z)} = f(\overline{z}), \forall z \in \mathbb{C}$, mostra que a operação de conjugação "comuta" com a função exponencial, ou seja, sendo g a operação de conjugação complexa, a saber, $z \mapsto g(z) := \overline{z}$, então, vale que $f \circ g = g \circ f$. Dessa forma, o campo vetorial planar associado à função conjugada $\overline{f}$,* *será dado por* $\overline{f} : \mathbb{R}^2 \to \mathbb{R}^2, \overline{f}(x,y) := (e^x \cos(y), -e^x\, sen(y))$. *Logo,* $Rot_{\overline{f}}(x,y) = -e^x\, sen(y) - (-e^x\, sen(y)) = -e^x\, sen(y) + e^x\, sen(y) = 0, Div_{\overline{f}}(x,y) = e^x \cos(y) - e^x \cos(y) = 0, \forall (x,y) \in \mathbb{R}^2 \Rightarrow$ $\overline{f}$ *é um campo vetorial planar simultaneamente solenoidal e irrotacional.*

Uma pergunta que surge agora é a seguinte: Se $f : \mathbb{C} \to \mathbb{C}$ *é uma função holomorfa não constante, então o campo vetorial planar associado a sua função complexa conjugada,* $\overline{f}$ *é simultaneamente irrotacional e solenoidal? Vejamos, a título de mais um exemplo, o que ocorre no caso da função polinomial complexa de grau igual a 2,* $f : \mathbb{C} \to \mathbb{C}$ *dada por* $f(z) := z^2 = (x+iy)^2 = (x^2-y^2) + i(2xy)$, *cuja função complexa conjugada associada é dada por* $\overline{f(z)} = \overline{z^2} = \overline{z}^2 = (x^2-y^2)+i(-2xy) = (x^2-y^2) - i2xy$ *e, portanto, seu campo vetorial planar associado é* $\overline{f} : \mathbb{R}^2 \to \mathbb{R}^2$ *dado por* $\overline{f}(x,y) := (x^2-y^2, -2xy)$. *Vamos, agora, determinar seu rotacional e seu divergente. Temos que* $Rot_{\overline{f}}(x,y) = -2y - (-2y) = -2y + 2y = 0, Div_{\overline{f}}(x,y) = 2x - 2x = 0, \forall (x,y) \in \mathbb{R}^2$.

O caso geral é verdadeiro, como mostra o seguinte resultado:

Teorema 1.4. *Seja* $f = f^1 + if^2 : A \to \mathbb{C}$ *uma função não constante complexa de uma única variável complexa definida e holomorfa no aberto (de preferência conexo)* $A \subseteq \mathbb{C}$. *Então, sua função complexa conjugada associada (a qual é não holomorfa, pois* f *é assumida ser não constante)* $\overline{f} = f^1 - if^2 : A \to \mathbb{C}$ *pode ser vista como um campo vetorial planar simultaneamente irrotacional e solenoidal* $\overline{f} : A \to \mathbb{R}^2$ *dado componentemente por* $\overline{f}(x,y) := (f^1(x,y), -f^2(x,y))$.

Demonstração. Esse resultado é uma consequência direta das equações de Cauchy-Riemann, bem como as definições de rotacional e divergente para o caso planar. De fato, temos que, por definição, e tomando "cuidado" com o sinal negativo da segunda função componente do campo conjugado,

$$Rot_{\overline{f}} = (-f^2)_x(x,y) - f^1_y(x,y) = -f^2_x(x,y) - f^1_y(x,y) \quad , \quad Div_{\overline{f}}(x,y) = f^1_x(x,y) + (-f^2)_y(x,y) = f^1_x(x,y) - f^2_y(x,y) \quad , \quad \forall (x,y) \in A.$$

Mas, como f é holomorfa (e notamos que, a menos de um sinal negativo em f^2, o campo vetorial $\overline{f}$ depende das mesmas funções componentes f^1 e f^2 do campo f), então valem as equações de Cauchy-Riemann para f^1 e f^2, ou seja,

$$f^1_x(x,y) = f^2_y(x,y), f^1_y(x,y) = -f^2_x(x,y), \forall (x,y) \in A$$

e, desse modo, segue que

$$Rot_{\overline{f}}(x,y) = -f_x^2(x,y) - f_y^1(x,y) = f_y^1(x,y) - f_y^1(x,y) = 0 \quad , \quad Div_{\overline{f}}(x,y) = f_x^1(x,y) - f_y^2(x,y) = f_y^2(x,y) - f_y^2(x,y) = 0 \quad , \quad \forall (x,y) \in A.$$

Logo, o campo vetorial planar conjugado $\overline{f}$ é simultaneamente irrotacional e solenoidal.

□

Corolário 1.2. *Para se obter um campo vetorial planar simultaneamente irrotacional e solenoidal a partir de um campo vetorial planar holomorfo, basta conjugá-lo.*

Dessa forma, os resultados acima nos fornecem uma classe "fechada" de campos vetoriais planares que são simultaneamente irrotacionais e solenoidais, a saber, as que são conjugadas de campos holomorfos não constantes. De fato, como já havíamos mencionado anteriormente, a derivada de uma função holomorfa, podendo ser vista como a multiplicação por um número complexo, rotaciona não trivialmente os pontos do seu domínio e, portanto, seu campo vetorial planar associado não é um campo irrotacional, e sendo $\overline{f}$ não holomorfa (já que é a função conjugada de uma função holomorfa não constante), então ela rotaciona trivialmente os pontos de seu domínio (suposto aberto conexo) e, assim, $\overline{f}$ é um campo irrotacional. A não divergência é uma espécie de condiçao "bônus" que surge como consequência das condições de Cauchy-Riemann.

Observação 1.11. *Poderíamos, usando o resultado anterior, ter garantido diretamente que a conjugada da função exponencial complexa pode ser vista como um campo planar simultaneamente irrotacional e solenoidal. De fato, mostramos que $\exp(\overline{z}) = \overline{\exp(z)}, \forall z \in \mathbb{C}$, e sendo a exponencial complexa uma função não constante e holomorfa, então sua função complexa conjugada não é holomorfa em ponto algum do plano complexo $\mathbb{C}$, sendo assim, seu campo vetorial planar associado simultaneamente irrotacional e solenoidal.*

Exemplo 1.11. *Mostremos que as funções trigonométricas complexas $z \mapsto sen(\overline{z}), \cos(\overline{z})$ podem ser vistas como campos vetoriais planares simultaneamente irrotacionais e solenoidais em todo o plano $\mathbb{R}^2$. Para isso, não vamos calcular diretamente seus rotacionais e seus divergentes, pois isso é bastante inviável, nesse caso, mas sim usar o resultado anterior, e para isso, vamos mostrar que essas funções se "comportam bem" sob conjugações, i.e, $sen(\overline{z}) = \overline{sen(z)}, \cos(\overline{z}) = \overline{\cos(z)}, \forall z \in \mathbb{C}$. De fato, seno e cosseno complexos são funções holomorfas não constantes e, portanto, como já sabemos, suas funções complexas conjugadas podem ser vistas como campos vetoriais planares simultaneamente irrotacionais e solenoidais. Vamos fazer o caso da função $z \mapsto sen(\overline{z})$, sendo* *o caso da função* $z \mapsto \cos(\overline{z})$ *substancialmente analógico e deixado como exercício para que os leitores o façam. Temos que, por definição,* $z \mapsto sen(z) := \dfrac{e^{iz} - e^{-iz}}{2i}$. *Pelo teorema da adição de arcos complexos (cuja demonstração deixamos a cargo dos leitores) que diz que* $sen(z + w) = sen(z)\cos(w) + sen(w)\cos(z), \forall z, w \in \mathbb{C} \Rightarrow sen(z = x + iy) = sen(x)\cos(iy) + \cos(x)\,sen(iy) = sen(x)\dfrac{(e^{i.iy} + e^{-i.iy})}{2} + \cos(x)\dfrac{(e^{i.iy} - e^{-i.iy})}{2i} = sen(x)\dfrac{(e^{y} + e^{-y})}{2} + \cos(x)\dfrac{(-e^{y} + e^{-y})}{2i} = sen(x)\cosh(y) + \cos(x).i.\left(\dfrac{-e^{y} + e^{-y}}{-2}\right) = sen(x)\cosh(y) + i\cos(x)\dfrac{(e^{y} - e^{-y})}{2} = sen(x)\cosh(y) + i\cos(x)\sinh(y), \forall z = x + iy \in \mathbb{C}$. *Feito isso, fica mais fácil a prova de que* $\overline{sen(z)} = sen(\overline{z}), \forall z \in \mathbb{C}$, *pois vamos usar a fórmula, provada acima, que nos diz que* $sen(z = x + iy) = sen(x)\cosh(y) + i\cos(x)\sinh(y), \forall z = x + iy \in \mathbb{C}$. *Para isso, vamos calcular separadamente as expressões em* x, y *para* $\overline{sen(z)}$ *e* $sen(\overline{z})$ *e mostrar que são idênticas. Temos que,*

$$\overline{\sinh(z)} = \overline{sen(x)\cosh(y) + i\cos(x)\sinh(y)} = sen(x)\cosh(y) - i\cos(x)\sinh(y), \forall z = x + iy \in \mathbb{C}$$

e

$$sen(\overline{z}) = sen(\overline{x + iy}) = sen(x - iy) = sen(x)\cosh(-y) + i\cos(x)\sinh(-y) = sen(x)\cosh(y) - i\cos(x)\sinh(y), \forall z = x + iy \in \mathbb{C},$$

já que $y \mapsto \cosh(y)$ *é uma função par e* $y \mapsto \sinh(y)$ *é uma função ímpar, i.e,* $\sinh(-y) = \dfrac{e^{-y} - e^{-(-y)}}{2} = \dfrac{e^{-y} - e^{y}}{2} = \dfrac{-(e^{y} - e^{-y})}{2} = -\sinh(y), \forall y \in \mathbb{R}$ *e* $\cosh(-y) = \dfrac{e^{-y} + e^{-(-y)}}{2} = \dfrac{e^{y} + e^{-y}}{2} = \cosh(y), \forall y \in \mathbb{R}$ *e, portanto, provamos que* $sen(\overline{z}) = \overline{sen(z)}, \forall z \in \mathbb{C}$ *e trata-se de um campo vetorial planar simultaneamente irrotacional e solenoidal.*

Com o rotacional e o divergente de um campo vetorial planar podem ser vistos como operadores lineares, então temos que:

Teorema 1.5. *Sendo* $f, g : A \to \mathbb{R}^2$ *campos vetoriais planares definidos e de classe* C^1 *em* $A \subseteq \mathbb{R}^2$ *aberto conexo, dados por* $f(x,y) := (f^1(x,y), f^2(x,y))$ *e* $g(x,y) := (g^1(x,y), g^2(x,y))$, *então vale que, sendo* $(f + kg)(x,y) := f(x,y) + kg(x,y) = ((f^1 + kg^1)(x,y), (f^2 + kg^2)(x,y)) := (f^1(x,y) + kg^1(x,y), f^2(x,y) + kg^2(x,y))$, *onde k é uma constante real qualquer,*

$$Rot_{f+kg}(x,y) = Rot_f(x,y) + kRot_g(x,y) \quad , \quad Div_{f+kg}(x,y) = Div_f(x,y) + kDiv_g(x,y) \quad , \quad \forall (x,y) \in A.$$

Demonstração. De fato, o rotacional e o divergente envolvem apenas derivadas parciais (de primeira ordem), logo omitindo-se os pontos (x,y), temos que $Rot_{f+kg} = (f^2 + kg^2)_x - (f^1 + kg^1)_y = f^2_x + kg^2_x - f^1_y - kg^1_y = (f^2_x - f^1_y) + k(g^2_x - g^1_y) = Rot_f(x,y) + kRot_g(x,y), \forall (x,y) \in A$.

De maneira substancialmente analógica, mostramos para o caso do divergente. □

Exemplo 1.12. *Consideremos o campo vetorial planar associado à função complexa de uma única variável complexa* $f : \mathbb{C} \to \mathbb{C}$ *dada por* $f(z) := e^z + z^2$. *Determinemos explicitamente seu rotacional e seu divergente. Para isso, vamos calcular os rotacionais e divergentes das funções* $z \mapsto e^z$ *e* $z \mapsto z^2$ *e somá-los, via conclusão do resultado anterior. Sejam os campos vetoriais planares associados às funções descritas acima, dados por,* $g(x,y) := (e^x \cos(y), e^x sen(y))$ *e* $h(x,y) := (x^2 - y^2, 2xy)$, *onde usamos que* $e^z = e^x \cos(y) + ie^x sen(y), z^2 = (x^2 - y^2) + i(2xy), \forall z = x + iy \in \mathbb{C}$. *Temos que*

$$Rot_g(x,y) = e^x sen(y) + e^x sen(y) = 2e^x sen(y) = 2Im(e^z), \forall (x,y) \in \mathbb{R}^2,$$

$$Div_g(x,y) = e^x \cos(y) + e^x \cos(y) = 2e^x \cos(y) = 2Re(e^z), \forall (x,y) \in \mathbb{R}^2,$$

$$Rot_h(x,y) = 2y - (-2y) = 2y + 2y = 4y = 4Im(z), \forall (x,y) \in \mathbb{R}^2,$$

$$Div_h(x,y) = 2x + 2x = 4x = 4Re(z), \forall (x,y) \in \mathbb{R}^2.$$

Em particular, $\frac{1}{4}(Div_h(x,y) + iRot_h(x,y) = \frac{1}{4}(4x + i4y) = x + iy = z, \forall z \in \mathbb{C}$. *Logo,* $Rot_f(x,y) = Rot_g(x,y) + Rot_h(x,y) = 2e^x sen(y) + 4y = 2(e^x sen(y) + 2y) = 2(Im(e^z) + Im(2z)) = 2(Im(e^z + 2z)), \forall z \in \mathbb{C}$ *(relembremos que* $Re(z + w) = Re(z) + Re(w), Im(z + w) = Im(z) + Im(w), \forall z, w \in \mathbb{C}$ *e fica a cargo dos leitores a verificarem esses fatos). Ainda,* $Div_f(x,y) = Div_g(x,y) + Div_h(x,y) = 2e^x \cos(y) + 4x = 2(e^x \cos(y) + 2x) = 2(Re(e^z) + Re(2z)) = 2(Re(e^z + 2z)), \forall z \in \mathbb{C}$. *Resumindo: Se* $f = f(z) := e^z + z^2 \Rightarrow Rot_f(z) = 2(Im(e^z + 2z)), Div_f(z) = 2(Re(e^z + 2z)), \forall z \in \mathbb{C}$.

Observação 1.12. *Podemos perceber, pelo exemplo anterior, que os conceitos de divergente e rotacional de uma função complexa de uma única variável complexa* $f = f_1 + if_2 : A \to \mathbb{C}$ *e de seu campo vetorial planar associado* $f = (f_1, f_2) : A \to \mathbb{R}^2$ *praticamente se "confundem", i.e, o rotacional e o divergente de um campo vetorial planar tem suas "versões" complexas de modo "natural".*

Exercício: Consideremos o campo vetorial planar associado à função complexa de uma única variável complexa $f : \mathbb{C} \to \mathbb{C}$ *dada por* $f(z) := 8e^{z^2} + 3z^3$. *Determine explicitamente seu rotacional e seu divergente e exiba suas versões complexas assim como feito no exemplo anterior. Façam o mesmo para a função* $f(z) := sen(z) + \cos(z)$.

Vamos, agora, de "encontro" ao Teorema do Produto Harmônico, seu enunciado, sua demonstração e algumas aplicações. Em geral, dadas duas funções reais de duas variáveis reais $u, v : A \to \mathbb{R}^2$, *definidas e de classe* C^2 *no aberto conexo* $A \subseteq \mathbb{R}^2$ *que são harmônicas, então sua função produto* $uv : A \to \mathbb{R}^2$ *não precisa ser uma função harmônica. Porém, existe uma condição suficiente (mas não necessária) para que o produto de duas funções reais de duas variáveis reais harmônicas seja, também, uma função harmônica, a saber: que* u *e* v *sejam funções harmônicas conjugadas, i.e,* $\exists f = u + iv : A \to \mathbb{C}$ *holomorfa em* A*, i.e,* $f \in Hol(A)$*. Dessa forma,* u *e* v *são, respectivamente, as partes real e imaginária, da função holomorfa no aberto* A*,* $f = u + iv$*.*

A partir de agora, faremos o seguinte, na respectiva ordem:

1) *Encontraremos duas funções harmônicas (necessariamente não harmônicas conjugadas)* $u, v : \mathbb{R}^2 \to \mathbb{R}$*, de tal forma que seu produto é não harmônico.*

2) *Dois exemplos concretos, onde mostraremos que o produto de duas funções harmônicas conjugadas são, ainda, funções harmônicas.*

3) *Enunciar e demonstrar o Teorema do Produto Harmônico.*

4) *Como um exercício, deixamos a cargo dos leitores provarem que a condição do Teorema do Produto Harmônico não é necessária, i.e, se encontrar, pelo menos um exemplo, de duas funções* $u, v : A \to \mathbb{R}$*,* $A \subseteq \mathbb{R}^2$ *aberto conexo, harmônicas não conjugadas, i.e,* $\nexists f = u + iv : A \to \mathbb{C}, f \in Hol(A)$*, de tal forma que seu produto é, ainda, uma função harmônica.*

5) *Como uma aplicação, encontraremos a função harmônica conjugada de* uv*, para quando* u *e* v *são harmônicas conjugadas, i.e, encontrar* $s : A \to \mathbb{R}$ *de tal forma que* $h := uv$ *e* s *satisfaçam as equações de Cauchy-Riemann, a saber,* $h_x = s_y$ *e* $h_y = -s_x$ *em todos os pontos* $(x, y) \in A$*.*

1) *Sejam* $u, v : \mathbb{R}^2 \to \mathbb{R}$ *dadas por* $u(x, y) := 2xy$ *e* $v(x, y) := 3x$*. Segue que, a função* u *é a parte imaginária da função holomorfa* $z = x + iy \mapsto z^2 = (x + iy)^2 = (x^2 - y^2) + i(2xy)$ *e que* v *é a parte real da função holomorfa* $z = x + iy \mapsto 3z = 3(x + iy) = 3x + i3y$*. Portanto,* u *e* v *não podem ser conjugadas (na verdade, fica como um exercício por parte dos leitores a verificarem diretamente que a função complexa de uma uma única variável complexa dada por* $x + iy \mapsto 2xy + i3x$ *não é holomorfa). Mostremos que seu produto,* $uv : \mathbb{R}^2 \to \mathbb{R}$*, dado por* $(uv)(x, y) := u(x, y).v(x, y) = 2xy.3x = 6x^2y$*, não é uma função harmônica e, para isso, denotemos por* $h := uv$*. Agora, temos que,* $h_x(x, y) = 12xy$ *e* $h_y(x, y) = 6x^2 \Rightarrow h_{xx}(x, y) = 12y$

e $h_{yy}(x, y) = 0 \Rightarrow h_{xx}(x, y) + h_{yy}(x, y) = 12y + 0 = 12y \neq 0, \forall y \neq 0 \Rightarrow \Delta_h \not\equiv 0$ *em* $\mathbb{R}^2$.

2) (Primeiro exemplo). Consideremos a função exponencial complexa $f : \mathbb{C} \to \mathbb{C}, f(z = x + iy) := e^z = e^{x+iy} := e^x e^{iy} = e^x(\cos(y) + i\,sen(y)) = e^x \cos(y) + ie^x\,sen(y)$. *Suas partes, real e imaginária são, respectivamente, dadas por* $u = u(x, y) := e^x \cos(y)$ *e* $v = v(x, y) := e^x\,sen(y)$, *de modo que seu produto é dado por* $h = h(x, y) := u(x, y).v(x, y) = e^x \cos(y).e^x\,sen(y) = (e^x)^2.(\,sen(y).\cos(y)) = e^{2x}\dfrac{(2\,sen(y)\cos(y))}{2} = e^{2x}\dfrac{sen(2y)}{2}$. *Assim, temos que* $h_x(x, y) = \dfrac{\cancel{2}e^{2x}\,sen(2y)}{\cancel{2}} = e^{2x}\,sen(2y), h_y(x, y) = \dfrac{\cancel{2}e^{2x}\cos(2y)}{\cancel{2}} = e^{2x}\cos(2y) \Rightarrow h_{xx}(x, y) = 2e^{2x}\,sen(2y), h_{yy}(x, y) = -2e^{2x}\,sen(2y) \Rightarrow h_{xx}(x, y) + h_{yy}(x, y) = 2e^{2x}\,sen(2y) - 2e^{2x}\,sen(2y) = 0, \forall (x, y) \in \mathbb{R}^2 \Rightarrow \Delta_h \equiv 0$ *em* $\mathbb{R}^2$.

(Segundo exemplo). Considere a função polinomial complexa de variável complexa de grau igual a dois $g : \mathbb{C} \to \mathbb{C}$ *dada por* $g(z = x+iy) := z^2 = (x+iy)^2 = (x^2-y^2)+i(2xy)$. *Suas partes real e imaginária são, respectivamente, dadas por* $u = u(x, y) := x^2-y^2$ *e* $v = v(x, y) := 2xy$, *de modo que, seu produto é dado por* $r = r(x, y) := u(x, y).v(x, y) = 2xy(x^2 - y^2)$. *Dessa forma, temos que,* $r_x(x, y) = 2y(x^2 - y^2) + 2xy.2x = 2y(x^2 - y^2) + 4x^2y = 2y(x^2 - y^2 + 2x^2) = 2y(3^2 - y^2), r_y(x, y) = 2x(x^2 - y^2) + 2xy.(-2y) = 2x(x^2 - y^2) - 4xy^2 = 2x(x^2 - y^2 - 2y^2) = 2x(x^2 - 3y^2) \Rightarrow r_{xx}(x, y) = 2y.6x = 12xy, r_{yy}(x, y) = 2x.(-6y) = -12xy \Rightarrow r_{xx}(x, y) + r_{yy}(x, y) = 12xy - 12xy = 0, \forall (x, y) \in \mathbb{R}^2 \Rightarrow \Delta_r \equiv 0$ *em* $\mathbb{R}^2$.

3) Vamos ao enunciado e, posteriormente, à demonstração do Teorema do Produto Harmônico.

Teorema 1.6. *Sejam* $u, v : A \to \mathbb{R}$ *duas funções de classe* C^2 *no aberto conexo* $A \subseteq \mathbb{R}^2$. *Suponhamos que elas sejam harmônicas conjugadas em* A, *i.e,* $\exists f = u + iv : A \to \mathbb{C}, f \in Hol(A)$. *Então, o produto* uv *é uma função harmônica em* A.

Demonstração. Suponhamos que $f = u + iv$ seja uma função holomorfa em um subconjunto aberto conexo $A \subseteq \mathbb{C}$. Então, vale que u, v são funções harmônicas em A, i.e, $\Delta_u(x, y) := u_{xx}(x, y) + u_{yy}(x, y) = 0, \Delta_v(x, y) := v_{xx}(x, y) + v_{yy}(x, y) = 0, \forall (x, y) \in A$. Além disso, elas são conjugadas, ou seja, valem para u e v as equações de Cauchy-Riemann, a saber, $u_x(x, y) = v_y(x, y)$ e $u_y(x, y) = -v_x(x, y), \forall (x, y) \in A$. Usando esses fatos, mostremos que o produto uv é harmônico em A e, para isso, vamos calcular seu Laplaciano. Antes, denotemos por $h := uv$. Temos que, omitindo os pontos (x, y), então $h_x = u_x v + uv_x, h_y = u_y v + uv_y \Rightarrow h_{xx} = u_{xx}v + u_x v_x + uv_{xx} = u_{xx}v + u_x v_x + uv_{xx}, h_{yy} =$

$u_{yy}v+u_yv_y+uv_{yy} = u_{yy}v+u_yv_y+uv_{yy} \Rightarrow \Delta_h = h_{xx}+h_{yy} = (u_{xx}v+u_{yy}v)+2(u_xv_x+u_yv_y)+(uv_{xx}+uv_{yy}) = v(\underbrace{u_{xx}+u_{yy}}_{=0 \quad u \quad \text{harmônica}}) + 2(u_xv_x + (\underbrace{-v_xu_x}_{\text{Cauchy-Riemann}})) + u(\underbrace{v_{xx}+v_{yy}}_{=0 \quad v \quad \text{harmônica}}) = v.0 + 2(u_xv_x - u_xv_x) + u.0 = 0 + 2.0 + 0 = 0 + 0 + 0 = 0$ em todo A e, portanto, uv é harmônica em A.

□

4) *Fica a cargo dos leitores.*

5) *A harmônica conjugada de $h := uv$ é uma função real de duas variáveis reais $s = s(x,y) : A \subseteq \mathbb{R}^2 \to \mathbb{R}$ que satisfaz as condições de Cauchy-Riemann, ou seja, $h_x = s_y$ e $h_y = -s_x$. Mas, $h_x = u_xv+uv_x \Rightarrow s = s(x,y) = \int s_ydy = \int h_xdy = \int u_xv+uv_xdy = \int u_xvdy+\int uv_xdy$. De modo substancialmente analógico, alternativamente, podemos escrever que $s = s(x,y) = \int s_xdx = \int -h_ydx = -\int h_ydx = -\int u_yv+uv_ydx = -\int u_yvdx - \int uv_ydx$. Resumindo: a função harmônica conjugada de $h := uv$ onde u, v são harmônicas conjugadas é a função s que satisfaz as condições de que $s = s(x,y) = \int u_xvdy + \int uv_xdy = -\int u_yvdx - \int uv_ydx$ e, de maneira abstrata, temos uma "fórmula" que descreve a harmônica conjugada de uv, a saber,*

$$s = s(x,y) = \frac{1}{2}(\int u_xvdy + \int uv_xdy - \int u_yvdx - \int uv_ydx), \forall (x,y) \in A.$$

Exercício: A identidade $x^2-y^2 = (x+y)(x-y), \forall x,y \in \mathbb{R}$, na qual a função $(x,y) \mapsto x^2-y^2$ é harmônica, nos leva a questionar se as funções $u = u(x,y) := x-y$ $v = v(x,y) := x+y$ são harmônicas conjugadas. Elas são, de fato, harmônicas, pois são funções polinomiais de grau igual a 1 nas variáveis reais independentes x, y. Mostre que, de fato, são harmônicas conjugadas de duas maneiras distintas, porém equivalentes, a saber:

1) *Escrevendo $x = \frac{z+\overline{z}}{2}$ e $y = \frac{z-\overline{z}}{2i}$, mostre que $f = f(z,\overline{z}) = (x+y)+i(x-y) = (1+i)\overline{z} = f(\overline{z})$ e conclua que $g(z,\overline{z}) = u(x,y) + iv(x,y) = (x-y) + i(x+y) = \overline{if(\overline{z})} = (x-y) + i(x+y) = g(z) = (1+i)z$ é holomorfa, pois depende apenas da variável z.*

2) *Diretamente, verifique que $g = g(z) = (1+i)z$ é igual a $(x-y)+i(x+y)$, considerando $z = x+iy$.*

Agora, usando as equações de Cauchy-Riemann, mostre que as funções $v = v(x,y) := x+y$ e $u = u(x,y) := x-y$ são harmônicas conjugadas. Pode-se, também, fazer o seguinte: começando, por exemplo, como $u = u(x,y) := x-y$, construa a harmônica conjugada para *u (encontrar-se-á a função* $v = v(x, y) := x + y$*).*

Exercício: Seja $u : \mathbb{R}^2 \to \mathbb{R}$ *uma função harmônica. Mostre que a função* $F := u_x - iu_y$ *é holomorfa. Dica: Verifique as equações de Cauch-Riemann para as partes real e imaginária da função complexa de uma única variável complexa* F*.*

Exercício: Sejam $u, v : \mathbb{R}^2 \to \mathbb{R}$ *duas funções harmônicas (não necessariamente conjugadas). Mostre que a função* $f := (u_y + v_x) + i(u_x + v_y)$ *é holomorfa. Dica: Verifique as equações de Cauch-Riemann para as partes real e imaginária da função complexa de uma única variável complexa* f*.*

Exercício: É verdade que um campo vetorial planar simultaneamente irrotacional e solenoidal é da forma $\overline{f}$ *para alguma função holomorfa* $f = u + iv$*? Se sim, forneça uma prova. Se não, exiba um contra-exemplo.*

Para encerrar esse capítulo, vamos, por intermédio de um exercício resolvido, relembrar alguns conceitos de cálculo no plano que podem ser úteis, tanto para complementar as ideias já apresentadas, quanto para ajudar a fixar outras ideias que seguirão adiante.

Exercício resolvido: Seja o campo vetorial planar $f : \mathbb{R}^2 \to \mathbb{R}^2$ *dado por* $f(x, y) := (e^{x+y}, e^{x-y})$*. Vimos anteriormente que* $Div_f(x, y) = 2e^x \sinh(y) = -Rot_f(x, y), \forall (x, y) \in \mathbb{R}^2$*. Agora pedimos:*

a) Encontar um domínio $A \subseteq \mathbb{R}^2$ *onde* f *pode ser invertida e, nesse domínio, exibir explicitamente a inversa* f^{-1}*.*

b) Determinar a imagem de f *por* $\mathbb{R}^2$*, i.e,* $f(\mathbb{R}^2) = Im(f)$*.*

c) A matriz Jacobiana de f *e seu respectivo determinante Jacobiano em um ponto arbitrário* (x, y)*.*

d) A linearização de f *no ponto origem* $(0, 0)$ *e também no ponto* $(1, 2)$*.*

Solução: a) Devemos encontrar explicitamente a solução da equação vetorial dada por $(e^{x+y}, e^{x-y}) = (u, v)$, *onde* $(u, v) \in \mathbb{R}^2$ *é arbitrário. Essa última equação, por sua vez, é equivalente ao sistema não linear planar dado por*

$$\begin{cases} e^{x+y} = u \\ e^{x-y} = v \end{cases}$$

Para resolvê-la, inicialmente notemos que, $u.v = \exp(x + y + x - y) = e^{2x} > 0, \forall (x, y) \in \mathbb{R}^2 \Rightarrow \ln(uv) = \ln(e^{2x}) = 2x\ln(e) = 2x \Rightarrow x = x(u, v) = \frac{1}{2}\ln(uv) = \ln[(uv)^{\frac{1}{2}}] = \ln(\sqrt{uv}) \Rightarrow x = x(u, v) = \ln(\sqrt{uv})$. *Continuando, podemos perceber que* $\frac{u}{v} = \frac{e^{x+y}}{e^{x-y}} = \exp(x + y - (x - y)) = \exp(x + y - x + y) = \exp(2y), > 0, \forall (x, y) \in \mathbb{R}^2 \Rightarrow \ln\left(\frac{u}{v}\right) = \ln(e^{2y}) = 2y\ln(e) = 2y \Rightarrow y = y(u, v) = \frac{1}{2}\ln\left(\frac{u}{v}\right) = \ln\left[\left(\frac{u}{v}\right)^{\frac{1}{2}}\right] = \ln\left(\sqrt{\frac{u}{v}}\right) \Rightarrow y = y(u, v) = \ln\left(\sqrt{\frac{u}{v}}\right)$. *Resumindo:* $(e^{x+y}, e^{x-y}) = (u, v) \Leftrightarrow (x, y) = \left(\ln(\sqrt{uv}), \ln\left(\sqrt{\frac{u}{v}}\right)\right)$. *Como* $e^{x+y}, e^{x-y} > 0, \forall x, y \in \mathbb{R}$, *então segue que* $u, v > 0$. *Sendo assim, no domínio* $A := \{(x, y) \in \mathbb{R}^2; x, y > 0\}$, *i.e, no primeiro quadrante aberto do plano (ou seja, excluindo-se os semieixos coordenados), tem-se que* $f^{-1}(x, y) := \left(\ln(\sqrt{xy}), \ln\left(\sqrt{\frac{x}{y}}\right)\right), \forall (x, y) \in A$.

b) Como vimos anteriormente, $u, v > 0$ *e, portanto, a imagem de* f *por* $\mathbb{R}^2$, $f(\mathbb{R}^2)$, *é o domínio da inversa de* f, f^{-1}, *ou seja, o primeiro quadrante aberto do plano.*

c) Sejam f^1 *e* f^2 *as funções coordenadas do campo vetorial planar* f, *i.e,* $f^1(x, y) := e^{x+y}$ *e* $f^2(x, y) := e^{x-y}$. *A matriz Jacobiana de* f *em um ponto* $(x, y) \in \mathbb{R}^2$ *qualquer, é dada por*

$$J_f(x, y) = \begin{pmatrix} f_x^1(x, y) & f_y^1(x, y) \\ f_x^2(x, y) & f_y^2(x, y) \end{pmatrix}$$

Temos que, $f_x^1(x, y) = (e^{x+y})_x = e^{x+y} = f^1(x, y), f_y^1(x, y) = (e^{x+y})_y = e^{x+y} = f^1(x, y), f_x^2(x, y) = (e^{x-y})_x = e^{x-y} = f^2(x, y)$ *e* $f_y^2(x, y) = (e^{x-y})_x = -e^{x-y} = -f^2(x, y)$. *Logo, a matriz Jacobiana de* f, *em um ponto qualquer* $(x, y) \in \mathbb{R}^2$, *se escreve como*

$$J_f(x, y) = \begin{pmatrix} f^1(x, y) & f^1(x, y) \\ f^2(x, y) & -f^2(x, y) \end{pmatrix}$$

e, portanto, ela será dada por

$$J_f(x,y) = \begin{pmatrix} e^{x+y} & e^{x+y} \\ e^{x-y} & -e^{x-y} \end{pmatrix}$$

Dessa forma, o seu determinante Jacobiano, em um ponto qualquer $(x,y) \in \mathbb{R}^2$, *será dado por*

$$\det(J_f(x,y)) = \det\begin{pmatrix} e^{x+y} & e^{x+y} \\ e^{x-y} & -e^{x-y} \end{pmatrix} = -e^{x+y}e^{x-y} - e^{x+y}e^{x-y} = -e^{2x} - e^{2x} = -2e^{2x} < 0, \forall (x,y) \in \mathbb{R}^2.$$

Notamos que: o determinante Jacobiano depende explicitamente apenas de x *e um dos motivos disso é que as funções componentes, a saber,* $f^1(x,y) := e^{x+y} = e^x.e^y$ *e* $f^1(x,y) := e^{x-y} = e^x.e^{-y}$ *são funções desacopladas no sentido de produto em relação às variáveis reais independentes* x, y. *Em particular, esse determinante Jacobiano é não nulo em todos os pontos* $(x,y) \in \mathbb{R}^2$ *e, portanto, segue que* f' *é localmente um isomorfismo em torno de cada ponto* $(x,y) \in \mathbb{R}^2$, *ou seja,* f *é localmente inversível (como vimos anteriormente no item a)).*

d) Como pedido, devemos calcular $J_f(0,0)$ *e* $J_f(1,2)$. *Comecemos com* $J_f(0,0)$. *Temos que*

$$J_f(0,0) = \begin{pmatrix} 1 & 1 \\ 1 & -1 \end{pmatrix}$$

A transformação linear associada é essa matriz na base canônica do $\mathbb{R}^2$ *é* $T : \mathbb{R}^2 \to \mathbb{R}^2$ *dada por*

$$T(x,y) = \begin{pmatrix} 1 & 1 \\ 1 & -1 \end{pmatrix} . \begin{pmatrix} x \\ y \end{pmatrix} = (x+y, x-y)$$

Notamos que, a linearização do campo vetorial planar f *na origem, consiste em simplesmente "esquecer" as exponenciais "*e^{x+y}*" e "*e^{x-y}*" e considerar apenas as expressões lineares "*$x+y$*" e "*$x-y$*". Ainda,*

$$J_f(1,2) = \begin{pmatrix} e^3 & e^3 \\ e^{-1} & -e^{-1} \end{pmatrix}$$

A transformação linear associada é essa matriz na base canônica do $\mathbb{R}^2$ *é* $T : \mathbb{R}^2 \to \mathbb{R}^2$ *dada por*

$$T(x,y) = \begin{pmatrix} e^3 & e^3 \\ e^{-1} & -e^{-1} \end{pmatrix} \cdot \begin{pmatrix} x \\ y \end{pmatrix} = (e^3(x+y), e^{-1}(x-y))$$

Assim, encontramos as linearizações pedidas, que nada mais são do que, respectivamente, as derivadas de f nos pontos $(0,0)$ e $(1,2)$.

Exercício: Econtre a linearização do campo vetorial planar do exercício resolvido acima em um ponto $(k_1, k_2) \in \mathbb{R}^2$ qualquer.

CAPÍTULO 2

Sistemas de Coordenadas Cartesianas, Polares, Hiperbólicas e Suas Transições

Vamos falar um pouco sobre sistemas de coordenadas planares cartesianas, polares e hiperbólicas, bem como suas relações e transições. Até este momento no texto, o sistema de coordenadas usado foi o sistema cartesiano. Um sistema de eixos ortogonais é introduzido, onde o eixo dos x's é chamado de eixo das "abscissas" e o eixo dos y's é chamado de eixo das "ordenadas". A cada ponto do plano corresponde um par ordenado (x, y) *de números reais. Já em relação ao sistema de coordenadas polares, escrevemos para um ponto* (x, y) *o seguinte:*

$$x = x(r, \theta) = r\cos(\theta) \quad , \quad y = y(r, \theta) = r\,sen(\theta) \quad , \quad r > 0 \quad , \quad \theta \in [0, 2\pi)$$

A partir disso, segue que, $x^2 + y^2 = r^2\cos^2(\theta) + r^2\,sen^2(\theta) = r^2\underbrace{(\cos^2(\theta) + sen^2(\theta))}_{=1, \forall\theta\in\mathbb{C}} = r^2 \underbrace{\Rightarrow}_{r>0} r = r(x, y) = \sqrt{x^2 + y^2}$. *Ainda,* $\dfrac{y}{x} = \dfrac{r\,sen(\theta)}{r\cos(\theta)} = \dfrac{sen(\theta)}{\cos(\theta)} = tg(\theta) \Rightarrow \theta = \theta(x, y) = \arctan(y/x)$. *Dessa forma, podemos resumir:* $x = x(r, \theta) = r\cos(\theta), y = y(r, \theta) = r\,sen(\theta), r > 0, \theta \in [0, 2\pi) \Leftrightarrow r = r(x, y) = \sqrt{x^2 + y^2}, \theta = \theta(x, y) = \arctan(y/x)$, *que corresponde a transição entre coordenadas cartesianas e coordenadas polares.*

Consideremos a função (que pode ser vista como um campo vetorial) $f : A \to \mathbb{R}^2$ *dada por* $f(r, \theta) := (r\cos(\theta), r\,sen(\theta))$ *onde* $r > 0$ *e* $\theta \in [0, 2\pi)$. *Logo, o domínio de* f *é* $A := \{(r, \theta) \in \mathbb{R}^2; r > 0, \theta \in [0, 2\pi)\}$. *Sejam* $f^1(r, \theta) := r\cos(\theta)$ *e* $f^2(r, \theta) := r\,sen(\theta)$ *suas funções coordenadas, de modo que a matriz Jacobiana de* f *em um ponto polar genérico* (r, θ) *é dado por*

$$J_f(r, \theta) = \begin{pmatrix} f_r^1(r, \theta) & f_\theta^1(r, \theta) \\ f_r^2(r, \theta) & f_\theta^2(r, \theta) \end{pmatrix} = \begin{pmatrix} \cos(\theta) & -r\,sen(\theta) \\ sen(\theta) & r\cos(\theta) \end{pmatrix}, \forall (r, \theta) \in A$$

e, portanto, seu determinante Jacobiano será dado por

$$\det(J_f(r, \theta)) = \det\begin{pmatrix} \cos(\theta) & -r\,sen(\theta) \\ sen(\theta) & r\cos(\theta) \end{pmatrix} = r\cos^2(\theta) - (-r\,sen^2(\theta)) = r\cos^2(\theta) + r\,sen^2(\theta) =$$

$r\underbrace{(\cos^2(\theta) + sen^2(\theta))}_{=1,\forall\theta\in\mathbb{C}} = r \neq 0, \forall(r,\theta) \in A$, *já que, por hipótese,* $r > 0$. *Notamos que o determinante Jacobiano não depende explicitamente de* θ. *Um dos motivos disso é que as funções componentes, a saber,* $f^1(r,\theta) := r\cos(\theta)$ *e* $f^2(r,\theta) := r\,sen(\theta)$ *são funções desacopladas no sentido de produto em relação às variáveis polares* r,θ. *Logo, de fato, o sistema de coordenadas polares é um sistema de coordenadas no sentido de que é um difeomorfismo local; leia-se: o determinante Jacobiano nunca se anula.*

Exercício: Mostre que a Relação Fundamental da Trigonometria Complexa é válida, i.e, $sen^2(z) + \cos^2(z) = 1, \forall z \in \mathbb{C}$. *Por qual motivo isso não implica que as funções seno e cosseno complexas sejam limitadas? Justifiquem. Mais do que isso, prove que as funções seno e cosseno complexas são funções sobrejetivas, a saber,* $\cos, sen : \mathbb{C} \to \mathbb{C}$, $sen(z) := \dfrac{e^{iz} - e^{-iz}}{2i}, \cos(z) := \dfrac{e^{iz} + e^{-iz}}{2}$.

Exemplo 2.1. *O ponto* $(1,2)$ *está escrito em:*

a) Coordenadas cartesianas; o escreva em coordenadas polares.

b) Coordenadas polares; o escreva em coordenadas cartesianas.

a) Temos que, $x = r\cos(\theta) = 1, y = r\,sen(\theta) = 2 \Rightarrow x^2 + y^2 = r^2 = 5 \underbrace{\Rightarrow}_{r>0} r = \sqrt{5}, \dfrac{y}{x} = tg(\theta) = 2 \Rightarrow \theta = \arctan(2)$. *Logo, a forma polar do ponto cartesiano* $(x,y) = (1,2)$ *é dada por* $(r,\theta) = (\sqrt{5}, \arctan(2))$.

b) $r = \sqrt{x^2 + y^2} = 1, \theta = \arctan(y/x) \Rightarrow x^2 + y^2 = 1, \dfrac{y}{x} = tg(2) \Rightarrow x^2 + y^2 = 1, y = tg(2)x \Rightarrow x^2 + (tg(2)x)^2 = 1 \Rightarrow x^2 + tg^2(2)x^2 = 1 \Rightarrow x^2\underbrace{(1 + tg^2(2))}_{\sec^2(2)} = 1 \Rightarrow x^2\sec^2(2) = 1 \Rightarrow x^2 = \dfrac{1}{\sec^2(2)} = \left(\dfrac{1}{\sec(2)}\right)^2 = \cos^2(2) \underbrace{\Rightarrow}_{diffeo.} x = \cos(2) \Rightarrow y = \cos(2)\,tg(2) = \cos(2)\dfrac{sen(2)}{\cos(2)} = sen(2)$. *Logo, a forma cartesiana do ponto polar* $(r,\theta) = (1,2)$ *é* $(x,y) = (\cos(2), sen(2))$. *De fato,* $r^2 = x^2 + y^2 = \cos^2(2) + sen^2(2) = 1 \Rightarrow r = 1$ *e* $\theta = \arctan(sen(2)/\cos(2)) = \arctan(tg(2)) = 2$.

Exercício: O ponto $(7,5)$ *está escrito em:*

a) Coordenadas cartesianas; o escreva em coordenadas polares.

b) Coordenadas polares; o escreva em coordenadas cartesianas.

Exercício resolvido (descrição polar de uma circunferência): a) Vamos mostrar que o conjunto de pontos $\{(x, y) \in \mathbb{R}^2; x^2 + y^2 - 2x = 0\} \subsetneq \mathbb{R}^2$ *é a circunferência de centro no ponto* $(1, 0)$ *com raio igual a* 1.

b) Vamos mostrar que o conjunto polar associado à essa circunferência é dado por

$$\{(r, \theta) \in \mathbb{R}^2; r = 2\cos(\theta)\}.$$

a) Vamos usar a técnica do completamento do quadrado. Temos que, $(x-1)^2 + (y-0)^2 = x^2 - 2x + 1 + y^2, \forall x, y \in \mathbb{R} \Rightarrow (x-1)^2 + y^2 - 1 = x^2 + y^2 - 2x, \forall x, y \in \mathbb{R} \Rightarrow x^2 + y^2 - 2x = 0 \Leftrightarrow (x-1)^2 + y^2 - 1 = 0 \Leftrightarrow (x-1)^2 + y^2 = 1$, *que é a equação cartesiana de uma circunferência de centro em* $(1, 0)$ *e raio igual a* 1.

b) Em coordenadas polares: sendo $x = r\cos(\theta), y = r\,sen(\theta), r > 0, \theta \in [0, 2\pi)$, *então* $x^2+y^2-2x = 0 \Leftrightarrow (r\cos(\theta))^2+(r\,sen(\theta))^2-2r\cos(\theta) = 0 \Leftrightarrow r^2\cos^2(\theta)+r^2\,sen^2(\theta)-2r\cos(\theta) = 0 \Leftrightarrow r^2\underbrace{(\cos^2(\theta) + sen^2(\theta))}_{=1, \forall\theta\in\mathbb{C}} - 2r\cos(\theta) = 0 \Leftrightarrow r^2 - 2r\cos(\theta) = 0 \Leftrightarrow r(r - 2\cos(\theta)) \underbrace{\Leftrightarrow}_{r>0} r - 2\cos(\theta) = 0 \Leftrightarrow r = 2\cos(\theta)$.

Observação 2.1. *Existe uma técnica alternativa, porém semelhante, a técnica do completamento do quadrado que consiste em comparar a equação dada com a equação geral da circunferência e obter as coordenadas do centro e o raio. Vejamos: vamor supor que queremos mostrar o conjunto dos pontos do plano que satisfazem equação* $x^2+y^2+6x+8y+10 = 0$ *é uma circunferência, exibindo seu centro e seu raio. Relembremos que a equação reduzida da circunferência de centro no ponto* $(x_0, y_0) \in \mathbb{R}^2$ *e raio igual a* R *é dada por* $(x-x_0)^2 + (y-y_0)^2 = R^2$. *Assim, desenvolvendo esta expressão, chegamos na equação completa da circunferência, a saber,* $x^2 + y^2 - 2x_0x - 2y_0y + (x_0^2 + y_0^2 - R^2) = 0$ *e, por comparação, chegamos a conclusão de que* $-2x_0 = 6, -2y_0 = 8$ *e* $x_0^2 + y_0^2 - r^2 = 10 \Rightarrow x_0 = -3, y_0 = -4$ *e* $9+16-r^2 = 10 \Rightarrow r^2 = 15 \underbrace{\Rightarrow}_{r>0} \sqrt{15}$. *Desse modo, a equação reduzida dessa circunferência é dada por* $(x+3)^2 + (y+4)^2 = (\sqrt{15})^2$, *a qual se trata de uma circuferência de centro no ponto* $C = (-3, -4)$ *e de raio igual a* $R = \sqrt{15}$.

Exercício: a) Mostre que o conjunto de pontos $\{(x,y) \in \mathbb{R}^2; x^2+y^2+6x+6y=0\} \subsetneq \mathbb{R}^2$ *é a circunferência de centro no ponto* $(-3,-3)$ *com raio igual a* $3\sqrt{2}$*. Faça de duas maneiras, a saber, pela técnica do completamento de quadrado e pela técnica de comparação.*

b) Mostre que o conjunto polar associado a essa circunferência é dado por

$$\{(r,\theta) \in \mathbb{R}^2; r = -6(\cos(\theta) + sen(\theta))\}.$$

Vamos, agora, falar sobre coordenadas hiperbólicas e suas transições com relação às coordenadas cartesianas. Definimos as coordenadas hiperbólicas (k,s) *de um ponto cartesiano* (x,y) *por intermédio das relações*

$$x = x(k,s) := k\cosh(s) \quad , \quad y = y(k,s) := k\sinh(s) \quad , \quad k \neq 0 \quad , \quad s \in \mathbb{R},$$

onde as funções cosseno hiperbólico real e seno hiperbólico real são dadas por

$$\cosh(s) := \frac{e^s + e^{-s}}{2} \quad , \quad \sinh(s) := \frac{e^s - e^{-s}}{2} \quad , \quad \forall s \in \mathbb{R}.$$

Exercício: Mostre que vale a Relação Fundamental da Trigonometria Hiperbólica real, i.e, $\cosh^2(s) - \sinh^2(s) = 1, \forall s \in \mathbb{R}$.

Podemos inverter, pelo menos, localmente, as relações dadas acima, a saber, do seguinte modo: $x^2 - y^2 = k^2\cosh^2(s) - k^2\sinh^2(s) = k^2\underbrace{(\cosh^2(s) - \sinh^2(s))}_{=1,\forall s\in\mathbb{C}} = k^2.1 = k^2 \Rightarrow k = k(x,y) = \pm\sqrt{x^2-y^2}$*, onde* $x^2 - y^2 \geq 0 \Rightarrow x^2 \geq y^2 \Rightarrow |x| \geq |y|$*. Assim, se* $k > 0$*, então* $k = k(x,y) = \sqrt{x^2-y^2}$ *para* $|x| \geq |y|$*. Agora, se* $k < 0$*, então* $k = k(x,y) = -\sqrt{x^2-y^2}$ *para* $|x| \geq |y|$*. Ainda,* $\dfrac{y}{x} = \dfrac{k\sinh(s)}{k\cosh(s)} = \dfrac{\sinh(s)}{\cosh(s)} = \tanh(s) \Rightarrow s = s(x,y) = \tanh^{-1}(y/x)$*. Resumindo:* $x = x(k,s) = k\cosh(s), y = y(k,s) = k\sinh(s), k \neq 0, s \in \mathbb{R} \Leftrightarrow k = k(x,y) = \pm\sqrt{x^2-y^2}, |x| \geq |y|, s = s(x,y) = \tanh^{-1}(y/x), y \in \mathbb{R}, x \neq 0.$

Exercício: Definimos a função tangente hiperbólica real como sendo $\tanh(s) := \dfrac{\sinh(s)}{\cosh(s)}$*, onde* $s \in \mathbb{R}$ *. Mostre que a função* $s \mapsto \cosh(s)$ *nunca se anula em* $\mathbb{R}$ *e que vale a relação* $\tanh(s) := \dfrac{e^{2s}-1}{e^{2s}+1}, \forall s \in \mathbb{R}.$

Mostremos que, de fato, o sistema de coordenadas hiperbólicas constitui um sistema de coordenadas no sentido de que é um difeomorfismo local. De fato, seja $f : A \to \mathbb{R}^2, A := \{(k,s) \in \mathbb{R}^2; k \neq 0\}$ *dada por* $f(k,s) = (k\cosh(s), k\sinh(s))$*. Denotemos por* $f^1(k,s) := k\cosh(s), f^2(k,s) := k\sinh(s)$*. Logo, a matriz Jacobiana de* f *em um ponto hiperbólico genérico* $(k,s) \in A$ *será dada por*

$$J_f(k,s) = \begin{pmatrix} f_k^1(k,s) & f_s^1(k,s) \\ f_k^2(k,s) & f_s^2(k,s) \end{pmatrix} = \begin{pmatrix} \cosh(s) & k\sinh(s) \\ \sinh(s) & k\cosh(s) \end{pmatrix}, \forall (k,s) \in A$$

Exercício: Utilizamos, em uma das matrizes acima, os fatos de que $(\sinh(s))' = \cosh(s), \forall s \in \mathbb{R}$, *e que* $(\cosh(s))' = \sinh(s), \forall s \in \mathbb{R}$. *Pedimos aos leitores que verifiquem esses fatos.*

Seu determinante Jacobiano será dado por

$$\det(J_f(k,s)) = \det\begin{pmatrix} \cosh(s) & k\sinh(s) \\ \sinh(s) & k\cosh(s) \end{pmatrix} = k\cosh^2(s) - k\sinh^2(s) =$$

$k\underbrace{(\cosh^2(s) - \sinh^2(s))}_{=1,\forall s \in \mathbb{C}} = k \neq 0, \forall (s,k) \in A$, *já que, por hipótese,* $k \neq 0$. *Notamos que o determinante Jacobiano não depende explicitamente de* s. *Um dos motivos disso é que as funções componentes, a saber,* $f^1(k,s) := k\cosh(s)$ *e* $f^2(k,s) := k\sinh(s)$ *são funções desacopladas no sentido de produto em relação às variáveis hiperbólicas* k, s. *Logo, de fato, o sistema de coordenadas hiperbólicas é um sistema de coordenadas no sentido de que é um difeomorfismo local; leia-se: o determinante Jacobiano nunca se anula.*

Exercício: Mostre que vale a Relação Fundamental da Trigonometria Hiperbólica Complexa, i.e, vale que $\cosh^2(z) - \sinh^2(z) = 1, \forall z \in \mathbb{C}$, *onde as funções seno hiperbólico complexo e cosseno hiperbólico complexo são* $\sinh, \cosh : \mathbb{C} \to \mathbb{C}$ *são dadas por* $\sinh(z) := \dfrac{e^z - e^{-z}}{2}$ *e* $\cosh(z) := \dfrac{e^z + e^{-z}}{2}$.

Exercício resolvido: O ponto $(2,1)$ *está escrito em:*

a) Coordenadas cartesianas; o escreva em coordenadas hiperbólicas.

b) Coordenadas hiperbólicas; o escreva em coordenadas cartesianas.

a) Inicialmente, notamos que, $|x = 2| = 2 > |y = 1| = 1$. *Assim, temos que:* $k\cosh(s) = 2, k\sinh(s) = 1 \Rightarrow k^2 = 2^2 - 1^2 = 4 - 1 = 3 \underbrace{\Rightarrow}_{diffeo.} k = \sqrt{3}$ *e* $s = \tanh^{-1}(1/2)$. *Assim,* $(x,y) = (2,1) \Rightarrow (k,s) = (\sqrt{3}, \tanh^{-1}(1/2))$.

b) $2 = \sqrt{x^2 - y^2}, 1 = \tanh^{-1}(y/x) \Leftrightarrow 4 = x^2 - y^2, y/x = \tanh(1) \Leftrightarrow 4 = x^2 - y^2, y = \tanh(1)x \Rightarrow x^2 - (\tanh(1)x)^2 = 4 \Rightarrow x^2 - \tanh^2(1)x^2 = 4 \Rightarrow x^2\underbrace{(1 - \tanh^2(1))}_{sech^2(1)} = 4 \Rightarrow x^2 sech^2(1) = 4 \Rightarrow x^2 = \frac{4}{sech^2(1)} = \frac{2^2}{sech^2(1)} = \left(\frac{2}{sech(1)}\right)^2 = (2\cosh(1))^2 \underbrace{\Rightarrow}_{diffeo.} x = 2\cosh(1) \Rightarrow y = \tanh(1).\cosh(1) = \frac{\sinh(1)}{\cosh(1)}.2\cosh(1) = 2\sinh(1) \Rightarrow y = 2\sinh(2)$. *Resumindo:* $(k, s) = (2, 1) \Leftrightarrow (x, y) = (2\cosh(1), 2\sinh(1))$.

Exercício: Definindo a função secante hiperbólica real como sendo $sech(s) := \frac{1}{\cosh(s)}$, *mostre que:*

a) $s \mapsto sech(s)$ *está definida para qualquer* $s \in \mathbb{R}$ *(de fato, em um exercício anterior foi pedido para mostrar que a função cosseno hiperbólico real nunca se anula em* $\mathbb{R}$*).*

b) $sech^2(s) = 1 - \tanh^2(s), \forall s \in \mathbb{R}$. *Sugestão para os leitores: Dividam ambos os membros da Relação Fundamental da Trigonometria Hiperbólica Real, a saber,* $\cosh^2(s) - \sinh^2(s) = 1, \forall s \in \mathbb{R}$, *por* $\cosh^2(s)$, *o qual nunca se anula em* $\mathbb{R}$ *e utilize os fatos de que* $\frac{\sinh^2(s)}{\cosh^2(s)} = \left(\frac{\sinh(s)}{\cosh(s)}\right)^2 = \tanh^2(s), \forall s \in \mathbb{R}$ *e* $\frac{1}{\cosh^2(s)} = \left(\frac{1}{\cosh(s)}\right)^2 = sech^2(s), \forall s \in \mathbb{R}$.

Exercício: O ponto $(7, 5)$ *está escrito em:*

a) Coordenadas cartesianas; o escreva em coordenadas hiperbólicas.

b) Coordenadas hiperbólicas; o escreva em coordenadas cartesianas.

Exercício resolvido (descrição em coordenadas hiperbólicas de uma hipérbole normal): a) Vamos mostrar que o conjunto de pontos $\left\{(x, y) \in \mathbb{R}^2; 5x^2 - 5y^2 = 7\right\} \subsetneq \mathbb{R}^2$ *é uma hipérbole normal.*

b) Vamos mostrar que o conjunto hiperbólico associado a essa hipérbole normal é dado por

$$\{(k, s) \in \mathbb{R}^2; k^2 = \frac{7}{5}\}.$$

Mais especificamente, se $k > 0$, então a equação dessa hipérbole normal em coordenadas hiperbólicas é dada por $k = \sqrt{\frac{7}{5}}$, e se $k < 0$, então a equação dessa hipérbole normal em coordenadas hiperbólicas é dada por $k = -\sqrt{\frac{7}{5}}$.

a) Relembremos que a equação de uma hipérbole normal é dada por $\frac{x^2}{a^2} - \frac{y^2}{b^2} = 1$ ou por $\frac{y^2}{a^2} - \frac{x^2}{b^2} = 1$, para $a, b > 0$. Logo,

$$5x^2 - 5y^2 = 7 \Leftrightarrow \frac{5}{7}x^2 - \frac{5}{7}y^2 = 1 \Leftrightarrow \frac{x^2}{(7/5)} - \frac{y^2}{(7/5)} = 1 \Leftrightarrow \frac{x^2}{(\sqrt{(7/5)})^2} - \frac{y^2}{(\sqrt{(7/5)})^2} = 1.$$

Desse modo, essa é a equação de uma hipérbole normal, onde $a = b = \sqrt{\frac{7}{5}} > 0$.

b) Para encontrar a forma hiperbólica da equação da hipérbole normal, relembremos que o sistema de coordenadas hiperbólicas é dado por $x = k\cosh(s), y = k\sinh(s), k \neq 0$, de modo que, $5x^2 - 5y^2 = 7 \Leftrightarrow 5(x^2 - y^2) = 7 \Leftrightarrow 5((k\cosh(s))^2 - (k\sinh(s))^2) = 7 \Leftrightarrow 5(k^2\cosh^2(s) - k^2\sinh^2(s)) = 7 \Leftrightarrow 5k^2\underbrace{(\cosh^2(s) - \sinh^2(s))}_{=1, \forall s \in \mathbb{C}} = 1 \Leftrightarrow 5k^2 = 7 \Leftrightarrow k^2 = \frac{7}{5}$. No caso em que $k > 0$, então $k = \sqrt{\frac{7}{5}}$. No caso em que, $k < 0$, então $k = -\sqrt{\frac{7}{5}}$.

Exercício: a) Mostre que o conjunto de pontos $\{(x, y \in \mathbb{R}^2; 6x^2 - 6y^2 = 11)\} \subsetneq \mathbb{R}^2$ define uma hipérbole normal no plano cartesiano.

b) Mostre que o conjunto hiperbólico associado à essa hipérbole normal é dado por $\{(k, s) \in \mathbb{R}^2; k^2 = \frac{11}{6}\}$. Conclua que $k = \sqrt{\frac{11}{6}}$ para $k > 0$ e que $k = -\sqrt{\frac{11}{6}}$ para $k < 0$.

Vamos, agora, por fim neste capítulo, estabelecer a relação entre coordenadas polares e coordenadas hiperbólicas sendo, para isso, necessário utilizar o sistema de coordenadas cartesianas planares como sistema de coordenadas de transição. Relembremos que: para o sistema de coordenadas polares vale que $r = r(x, y) = \sqrt{x^2 + y^2}, \theta = \theta(x, y) = \arctan(y/x)$ e para o sistema de coordenadas hiperbólicas vale que $x = x(k, s) = k\cosh(s), y = y(k, s) = k\sinh(s)$ de modo que vale o seguinte

$$r = r(x(k, s), y(k, s)) = \sqrt{k^2\cosh^2(s) + k^2\sinh^2(s)} = \sqrt{k^2(\cosh^2(s) + \sinh^2(s))} =$$
$$|k|\sqrt{\cosh(2s)}, \forall s \in \mathbb{R}, \theta = \theta(x(k, s), y(k, s)) = \arctan\left(\frac{k\sinh(s)}{k\cosh(s)}\right) = \arctan(\tanh(s)), \forall s \in \mathbb{R}.$$

Resumindo, vale o seguinte:

$$r = r(k,s) = |k|\sqrt{\cosh(2s)} \quad , \quad \theta = \theta(k,s) = \arctan(\tanh(s)) \quad , \quad \forall s \in \mathbb{R}.$$

Podemos notar que, a coordenada θ não depende explicitamente da coordenada k (como consequência, mais adiante veremos que a matriz Jacobiana do sistema associado terá uma entrada nula).

Exercício resolvido: a) Mostre que a função $s \mapsto \sqrt{\cosh(2s)}$ está definida em toda reta real $\mathbb{R}$.

b) Mostre que vale a fórmula do arco duplo para a função cosseno hiperbólico real, a saber, $\cosh(2s) = \cosh^2(s) + \sinh^2(s), \forall s \in \mathbb{R}$.

a) O radicando dessa expressão é sempre positivo pois, como já foi pedido anteriormente para que os leitores analisassem, vale que $\cosh(t) > 0, \forall t \in \mathbb{R}$ e, portanto, tomando $t = 2s$ a conclusão segue.

b) Temos que, sendo $\cosh(s) := \dfrac{e^s + e^{-s}}{2}, \sinh(s) := \dfrac{e^s - e^{-s}}{2}, \forall s \in \mathbb{R} \Rightarrow \cosh^2(s) + \sinh^2(s) = \left(\dfrac{e^s + e^{-s}}{2}\right)^2 + \left(\dfrac{e^s - e^{-s}}{2}\right)^2 = \dfrac{1}{4}(e^{2s} + \cancel{2} + e^{-2s} + e^{2s} - \cancel{2} + e^{-2s}) = \dfrac{1}{4}(2e^{2s} + 2e^{-2s}) = \dfrac{2}{4}(e^{2s} + e^{-2s}) = \dfrac{1}{2}(e^{2s} + e^{-2s}) = \cosh(2s), \forall s \in \mathbb{R}.$

Seja $k > 0$ um número real positivo (o caso $k < 0$ é substancialmente analógico) e, portanto, $|k| = k$. Consideremos o subconjunto do plano dado por $A := \{(k,s) \in \mathbb{R}^2; k > 0\} \subsetneq \mathbb{R}^2$. Seja $f : A \to \mathbb{R}^2$ dada por $f(k,s) := (f^1(k,s), f^2(k,s)) := (k\sqrt{\cosh(2s)}, \arctan(\tanh(s)))$. Logo, a matriz Jacobiana de f em um ponto genérico $(k,s) \in A$ será dada por

$$J_f(k,s) = \begin{pmatrix} f^1_k(k,s) & f^1_s(k,s) \\ f^2_k(k,s) & f^2_s(k,s) \end{pmatrix} = \begin{pmatrix} \sqrt{\cosh(2s)} & \dfrac{\cancel{2}k\sinh(2s)}{\cancel{2}\sqrt{\cosh(2s)}} \\ 0 & \dfrac{sech^2(s)}{1+\tanh^2(s)} \end{pmatrix} = \begin{pmatrix} \sqrt{\cosh(2s)} & \dfrac{k\sinh(2s)}{\sqrt{\cosh(2s)}} \\ 0 & \dfrac{sech^2(s)}{1+\tanh^2(s)} \end{pmatrix},$$

$\forall (k,s) \in A$.

Como já havíamos avisado antes, essa matriz possui uma entrada nula, já que uma das funções coordenadas de f, a saber, f^2 não depende explicitamente da coordenada k, *já que* $f^2(k,s) = \arctan(\tanh(s))$. *Mais do que isso, todos os elementos não nulos da matriz Jacobiana de* f *dependem explicitamente apenas da coordenada* s.

Seu determinante Jacobiano será dado por

$$\det(J_f(k,s)) = \det\begin{pmatrix} \sqrt{\cosh(2s)} & \dfrac{k\sinh(2s)}{\sqrt{\cosh(2s)}} \\ 0 & \dfrac{sech^2(s)}{1+\tanh^2(s)} \end{pmatrix} = \sqrt{\cosh(2s)}.\left(\frac{sech^2(s)}{1+\tanh^2(s)}\right) > 0, \forall (k,s) \in A.$$

Notamos que o determinante Jacobiano não depende explicitamente de k. *Um dos motivos disso é que as funções componentes, a saber,* $f^1(k,s) := k\sqrt{\cosh(2s)}$ *e* $f^2(k,s) := \arctan(\tanh(s))$ *são funções desacopladas no sentido de produto em relação às variáveis* k, s. *Logo, de fato, o determinante Jacobiano nunca se anula.*

Exercício: Mostre que, de fato, tem-se que $\sqrt{\cosh(2s)}.\left(\dfrac{sech^2(s)}{1+\tanh^2(s)}\right) > 0, \forall (k,s) \in A.$

A expressão inversa pode ser calculada do seguinte modo: Como $x = x(r,\theta) = x\cos(\theta), y = y(r,\theta) = x\,sen(\theta)$ *e* $k = k(x,y) = \sqrt{x^2 - y^2}, s = s(x,y) = \tanh^{-1}(y/x)$, *então segue que* $k = k(x(r,\theta), y(r,\theta)) = \sqrt{r^2\cos^2(\theta) - r^2 sen^2(\theta)} = \sqrt{r^2\underbrace{(\cos^2(\theta) - sen^2(\theta))}_{=\cos(2\theta),\forall\theta\in\mathbb{C}}} = r\sqrt{\cos(2\theta)}$, *onde devemos ter que* $\cos(2\theta) \geq 0$, *i.e,* $2\theta \in \left[\dfrac{-\pi}{2}, \dfrac{\pi}{2}\right] \Rightarrow \theta \in \left[\dfrac{-\pi}{4}, \dfrac{\pi}{4}\right]$. *Ainda,* $s = s(x(r,\theta), y(r,\theta)) = \tanh^{-1}\left(\dfrac{r\,sen(\theta)}{r\cos(\theta)}\right) = \tanh^{-1}\left(\dfrac{sen(\theta)}{\cos(\theta)}\right) = \tanh^{-1}(\,tg(\theta)), \forall\theta \neq \dfrac{\pi}{2} + k\pi = \pi\left(\dfrac{1+2k}{2}\right), k \in \mathbb{Z}$. *Podemos notar que, a condição de que* $\theta \in \left[\dfrac{-\pi}{4}, \dfrac{\pi}{4}\right]$, *já implica que* $\theta \neq \dfrac{\pi}{2} + k\pi = \pi\left(\dfrac{1+2k}{2}\right), k \in \mathbb{Z}$. *Resumindo:*

$$k = k(r,\theta) = r\sqrt{\cos(2\theta)} \quad , \quad s = s(r,\theta) = \tanh^{-1}(\,tg(\theta)) \quad , \quad \forall\theta \in \left[\frac{-\pi}{4}, \frac{\pi}{4}\right] \quad , \quad r > 0.$$

Exercício: Considere a função $f : A \to \mathbb{R}^2, A := \{(r,\theta) \in \mathbb{R}^2; r > 0, \theta \in [-\pi/4, \pi/4]\} \subsetneq \mathbb{R}^2$, *dada por* $f(r,\theta) := (r\sqrt{\cos(2\theta)}, \tanh^{-1}(\,tg(\theta)))$. *Pede-se:*

a) Desenhe o subconjunto A.

b) Encontre a matriz Jacobiana da transformação de coordenadas $f, J_f(r,\theta)$ *em um ponto* $(r,\theta) \in A$.

c) Determine o determinante da transformação $J_f(r,\theta), \det(J_f(r,\theta))$ *em um ponto* $(r,\theta) \in A$ *e mostre que este nunca se anula em* A.

OBSERVAÇÃO 2.2. *Os itens b) e c) do exercício acima podem ser resolvidos de duas maneiras, a saber: primeiro, pode ser resolvido calculando-se diretamente a matriz Jacobiana de* $f, J_f(r,\theta)$ *em um ponto* $(r,\theta) \in A$*, bem como o determinante da transformação* $J_f(r,\theta), \det(J_f(r,\theta))$ *em um ponto* $(r,\theta) \in A$*, assim como foi feito nos casos exibidos anteriormente; segundo, notamos que essa matriz pode ser calculada a partir da inversa da matriz*

$$\begin{pmatrix} \sqrt{\cosh(2s)} & \dfrac{k\sinh(2s)}{\sqrt{\cosh(2s)}} \\ 0 & \dfrac{sech^2(s)}{1+\tanh^2(s)} \end{pmatrix}$$

e, consequentemente, o determinante Jacobiano procurado é o inverso do determinante dessa matriz. Com isso, já podemos concluir que o determinante procurado é não nulo em todo A. Recomendamos aos leitores que resolvam este exercício dos dois modos aqui observados e depois que comparem os resultados (pode ser que sejam necessárias algumas manipulações algébricas envolvendo funções trigonométricas circulares e hiperbólicas para que os resultados "confiram").

Exercício: Verifique que a função concernente ao último exercício resolvido do Capítulo 1 constitui, de fato, um sistema de coordenadas em $\mathbb{R}^2$.

Exercício parcialmente resolvido: O ponto $(1,1)$ *está escrito em:*

a) Coordenadas polares; o escreva em coordenadas hiperbólicas.

b) Coordenadas hiperbólicas; o escreva em coordenadas polares.

a) Temos que, se $(r,\theta) = (1,1) \Rightarrow k\sqrt{\cosh(2s)} = 1, \arctan(\tanh(s)) = 1 \Rightarrow k^2\cosh(2s) = 1, \tanh(s) = tg(1)$. *Deixamos a cargo dos leitores a resolverem o sistema não linear planar dado por*

$$\begin{cases} k^2\cosh(2s) = 1 \\ \tanh(s) = tg(1) \end{cases}$$

Para resolvê-lo, uma das maneiras consiste em utilizar as seguintes fórmulas já apresentadas ao longo do texto, a saber, $\cosh(2s) = \cosh^2(s) + \sinh^2(s), \forall s \in \mathbb{R}$ *e* $\tanh(s) =$

$\dfrac{\sinh(s)}{\cosh(s)}, \forall s \in \mathbb{R}$ *e fazer as devidas substituições no sistema dado acima.*

b) Temos que, se $(k, s) = (1, 1) \Rightarrow r\sqrt{\cos(2\theta)} = 1, \tanh^{-1}(tg(\theta)) = 1 \Rightarrow r^2\cos(2\theta) = 1, tg(\theta) = \tanh(1)$. *Deixamos a cargo dos leitores resolverem o sistema não linear planar dado por*

$$\begin{cases} r^2\cos(2\theta) = 1 \\ tg(\theta) = \tanh(1) \end{cases}$$

Para resolvê-lo, uma das maneiras consiste em utilizar as seguintes fórmulas já apresentadas ao longo do texto, a saber, $\cos(2\theta) = \cos^2(\theta) - sen^2(\theta), \forall s \in \mathbb{R}$ *e* $tg(\theta) = \dfrac{sen(\theta)}{\cos(\theta)}, \forall\theta \neq \dfrac{\pi}{2} + k\pi = \pi\left(\dfrac{1+2k}{2}\right), k \in \mathbb{Z}$ *e fazer as devidas substituições no sistema dado acima.*

CAPÍTULO 3

Desacoplamento de Funções

Não vamos demonstrar o próximo resultado, porém além do enunciado, daremos alguns exemplos e proporemos alguns exercícios. Uma das utilidades desse resultado é no processo de desacoplamento de sistemas de equações diferenciais ordinárias, onde, por exemplo, um sistema planar de EDOs pode ser, pelo menos, localmente, transformado em uma EDO de variáveis separáveis, a qual pode ser resolvida mais facilmente por técnicas de integração direta.

Teorema 3.1. *(Teorema do Desacoplamento). Seja $f : A \to \mathbb{R}$ uma função definida e suficientemente diferenciável no aberto conexo $A \subseteq \mathbb{R}^2$. Então:*

a) $\exists$ um sistema de coordenadas (k, s) de tal modo que f se escreve como $f(k, s) := h_1(k).h_2(s)$ para algumas funções $h_1, h_2 : I \to \mathbb{R}$, onde I é um intervalo aberto da reta. Em outras palavras, existe um sistema de coordenadas onde f se desacopla no sentido de produto, ou seja, f pode ser escrita como o produto de uma função que só depende da coordenada k por uma outra função que é só dependente da coordenada s.

b) $\exists$ um sistema de coordenadas $(\widetilde{k}, \widetilde{s})$ de tal modo que f se escreve como $f(\widetilde{k}, \widetilde{s}) := g_1(\widetilde{k}) + g_2(\widetilde{s})$ para algumas funções $g_1, g_2 : I \to \mathbb{R}$, onde I é um intervalo aberto da reta. Em outras palavras, existe um sistema de coordenadas onde f se desacopla no sentido de soma, ou seja, f pode ser escrita como a soma de uma função que só depende da coordenada $\widetilde{k}$ com uma outra função que só depende da coordenada $\widetilde{s}$.

Exemplo 3.1. *Considere a função $f : \mathbb{R}^2 \to \mathbb{R}$ dada por $f(x, y) := \sqrt{x^2 + y^2} + x$. Mostremos que o sistema polar de coordenadas, (r, θ) onde $x := r\cos(\theta), y := r\,sen(\theta), r > 0, \theta \in [0, 2\pi)$, desacopla no sentido de produto a função f. De fato, temos que $f(r, \theta) = \sqrt{r^2\cos^2(\theta) + r^2\,sen^2(\theta)} + r\cos(\theta) = \sqrt{r^2(\underbrace{sen^2(\theta) + \cos^2(\theta)}_{=1, \forall \theta \in \mathbb{C}})} + r\cos(\theta) = r + r\cos(\theta) = r(1 + \cos(\theta)) = h_1(r).h_2(\theta)$, onde $h_1(r) := r$ e $h_2(\theta) := 1 + \cos(\theta)$.*

Exercício: Desacople no sentido de produto a função real de duas variáveis reais $f : \mathbb{R}^2 \to \mathbb{R}$ *dada por* $f(x,y) := 2\sqrt{x^2+y^2} + 3x + 4y$. *Sugestão: Use o sistema polar de coordenadas.*

Exemplo 3.2. *Considere a função* $f : \mathbb{R}^2 \to \mathbb{R}$ *dada por* $f(x,y) := \sqrt{x^2-y^2} + y$. *Mostremos que o sistema hiperbólico de coordenadas,* (k,s) *onde* $x := k\cosh(s), y := k\sinh(s), k > 0$, *desacopla no sentido de produto a função* f. *De fato, temos que*

$$f(k,s) = \sqrt{k^2\cosh^2(s) - k^2\sinh^2(s)} + k\cosh(s) = \sqrt{k^2\underbrace{(\cosh^2(s) - \sinh^2(s))}_{=1,\forall s\in\mathbb{C}}} + k\cosh(s) =$$

$$|k| + k\cosh(s) \underbrace{=}_{k>0} k + k\cosh(s) = k(1+\cosh(s)) = g_1(k).g_2(s),$$

onde $g_1(k) := k$ *e* $g_2(s) := 1 + \cosh(s)$.

Exercício: Desacople no sentido de produto a função real de duas variáveis reais $f : \mathbb{R}^2 \to \mathbb{R}$ *dada por* $f(x,u) := 5\sqrt{x^2-y^2} + 6x + 7y$. *Sugestão: Use o sistema hiperbólico de coordenadas.*

Exercício resolvido: Usando a propriedade da função logaritmo que diz que $\ln(a.b) = \ln(a) + \ln(b), \forall a,b > 0$, *mostre que:*

a) O sistema de coordenadas polares desacopla no sentido de soma a função $f(x,y) := \ln(x+y)$ *definida para todos os pares ordenados do plano com a condição de que* $x > -y$.

b) O sistema de coordenadas hiperbólicas desacopla no sentido de soma a função $f(x,y) := \ln(x+y)$ *definida para todos os pares ordenados do plano com a condição de que* $x > -y$.

a) Temos que, $\ln(x+y) = \ln(r\cos(\theta) + r\,sen(\theta)) = \ln(r(\cos(\theta) + sen(\theta))) = \ln(r) + \ln(\cos(\theta) + sen(\theta)) = g_1(r) + g_2(\theta)$, *onde* $g_1(r) := \ln(r)$ *e* $g_2(\theta) := \ln(\cos(\theta) + sen(\theta))$, *onde* $\cos(\theta) > -sen(\theta)$.

b) Temos que, sendo $k > 0$, *então* $\ln(x+y) = \ln(k\cosh(s) + k\sinh(s)) = \ln(k(\cosh(s) + \sinh(s))) = \ln(k) + \ln(\cosh(s) + \sinh(s)) = g_1(k) + g_2(s)$, *onde* $g_1(k) := \ln(k)$ *e* $g_2(s) := \ln(\cosh(s) + \sinh(s))$, *onde* $\cosh(s) > -\sinh(s)$.

Exercício: a) Encontre o conjunto dos $\theta \in \mathbb{R}$ *tais que* $\cos(\theta) > -sen(\theta)$.

b) Encontre o conjunto dos $s \in \mathbb{R}$ *tais que* $\cosh(s) > -\sinh(s)$.

Observação 3.1. *Na prática desacoplar, tanto no sentido de produto, quanto no sentido de soma, uma função real de duas variáveis reais* $f = f(x, y)$ *qualquer, não é uma tarefa simples. Os exemplos fornecidos ao longo deste capítulo são alguns dos exemplos onde isso pode ser feito mais facilmente e, na prática, não podemos esperar que seja assim. Note que o Teorema do Desacoplamento nos diz apenas da existência de um sistema de coordenadas que desacopla no sentido de soma ou de produto uma função real de duas variáveis reais, porém não nos diz como encontrá-lo na prática. De fato, isso depende da natureza da expressão explícita analítica de cada função.*

Exercício: Desacople no sentido de soma, usando tanto coordenadas polares quanto coordenadas hiperbólicas, a função real de duas variáveis reais dada por $f(x, y) := 5\ln(6x + 7y)$, *onde* $6x + 7y > 0$. *Use, para isso, o fato de que* $\ln(a.b) = \ln(a) + \ln(b), \forall a, b > 0$.

CAPÍTULO 4

Desacoplamento de Funções Holomorfas

Este capítulo contém uma singela ideia, a de caracterizar as funções holomorfas de uma única variável complexa cujas partes real e imaginária se desacoplam no sentido de soma, produto e de modo misto. Uma das ideias por trás da separação de variáveis é que este método possibilita encontrar equações separadas para as funções envolvidas de acordo com suas respectivas variáveis (o que pode ser encarado como uma espécie de "simetria"). Tal método ocorre com frequência no estudo de equações diferenciais e nesse caso não será diferente. Apontamos de antemão que as EDOs que aparecem nesse capítulo estão entre as mais simples possíveis. Nesse sentido, vamos mostrar o seguinte:

1) Se $f : A \to \mathbb{C}$ *é uma função definida e holomorfa no subconjunto aberto conexo* $A \subseteq \mathbb{C}$ *onde* $f(z) = u(x, y) + iv(x, y)$ *com* $u(x, y) := h_1(x) + h_2(y)$ *e* $v(x, y) := s_1(x) + s_2(y)$ *para funções* $h_1, h_2, s_1, s_2 : I \to \mathbb{R}$ *definidas (e analíticas no sentido real) no intervalo aberto* $I \subseteq \mathbb{R}$, *que pode ser pensado como a projeção do subconjunto A sobre os eixos cartesianos, então* f *é uma função afim da variável complexa* z, *i.e,* $\exists a, b \in \mathbb{C}$ *com* $a \neq 0$ *constantes complexas de tal modo que* $f(z) = az + b$.

2) Se $f : A \to \mathbb{C}$ *é uma função definida e holomorfa no subconjunto aberto conexo* $A \subseteq \mathbb{C}$ *onde* $f(z) = u(x, y) + iv(x, y)$ *com* $u(x, y) := h_1(x)h_2(y)$ *e* $v(x, y) := s_1(x)s_2(y)$ *para funções* $h_1, h_2, s_1, s_2 : I \to \mathbb{R}$ *definidas (e analíticas no sentido real) no intervalo aberto* $I \subseteq \mathbb{R}$, *que pode ser pensado como a projeção do subconjunto A sobre os eixos cartesianos, então* f *ou é a função exponencial complexa* $e^z := e^x(\cos(y) + i\,sen(y))$, *ou as funções trigonométricas complexas seno e cosseno complexos* $sen(z) := \dfrac{e^{iz} - e^{-iz}}{2i} = sen(x)\cosh(y) + i\cos(x)\sinh(y)$, $\cos(z) := \dfrac{e^{iz} + e^{-iz}}{2} = \cos(x)\cosh(y) - i\,sen(x)\cosh(y)$, *onde* $\sinh(t) := \dfrac{e^t - e^{-t}}{2}$, $\cosh(t) := \dfrac{e^t + e^{-t}}{2}$, $\forall t \in \mathbb{R}$, *ou as funções hiperbólicas complexas* $\sinh(z) := \dfrac{e^z - e^{-z}}{2} = \sinh(x)\cos(y) + i\cosh(x)\,sen(y)$, $\cosh(z) := \dfrac{e^z + e^{-z}}{2} = \sinh(x)\cos(y) + i\cosh(x)\,sen(y)$, *bem como as seguintes variações dessas e suas possíveis combinações lineares, a saber,*

$e^{-z}, \cos(-z)$, $sen(-z), \sinh(-z), \cosh(-z), \pm ie^{z}, \pm i\cos(z), \pm i\, sen(z), \pm i\sinh(z), \pm i\cosh(z), e^{\pm iz}$,

$\cos(\pm iz)$, $sen(\pm iz), \cosh(\pm iz)$ e $\sinh(\pm iz)$.

Casos do tipo e^{kz}, $sen(kz), \cos(kz), \sinh(kz)$ e $\cosh(kz)$, *bem como suas combinações lineares, onde* $k \in \mathbb{C}$ *é uma constante complexa também ocorrem, porém quando estudarmos esses casos vamos tomar constantes específicas para facilitar um pouco a se encontrar explicitamente essas funções como funções da variável complexa* z, *já que, em um primeiro momento, elas aparecem desmembradas em função das variáveis reais independentes* x *e* y *e vamos precisar fazer as substituições* $x = \dfrac{z+\overline{z}}{2}$ *e* $y = \dfrac{z-\overline{z}}{2i}$.

3) *Se* $f : A \to \mathbb{C}$ *é uma função definida e holomorfa no subconjunto aberto conexo* $A \subseteq \mathbb{C}$ *onde* $f(z) = u(x,y) + iv(x,y)$ *com* $u(x,y) := h_1(x)h_2(y)$ *e* $v(x,y) := s_1(x) + s_2(y)$ *para funções* $h_1, h_2, s_1, s_2 : I \to \mathbb{R}$ *definidas (e analíticas no sentido real) no intervalo aberto* $I \subseteq \mathbb{R}$, *que pode ser pensado como a projeção do subconjunto* A *sobre os eixos cartesianos, então* f *é um polinômio complexo de grau igual a* 2, $p(z) := az^2 + bz + c$, *onde* $a \in \mathbb{C}/\{0\}, b, c \in \mathbb{C}$ *são constantes complexas. Por exemplo,* $p(z) := \dfrac{-iz^2}{2} = xy + i\left(\dfrac{1}{2}(y^2 - x^2)\right)$. *O caso em que a parte real desacopla no sentido de soma e a parte imaginária desacopla no sentido de produto difere do caso inicial apenas por um fator multiplicativo* $\pm i$.

Para desenvolver os itens 1), 2) *e* 3) *precisaremos dos seguintes resultados de variáveis complexas:*

a) *(Teorema de Looman-Menchoff). Seja* $f : X \to \mathbb{C}$, $X \subset \mathbb{C}$ *aberto,* $z = x + iy \mapsto f(z) = u(x,y) + iv(x,y)$, *uma função complexa de uma única variável complexa, onde* $u, v : X \to \mathbb{R}^2$, $X \subset \mathbb{R}^2$, *são funções reais de duas variávies reais, que são, respectivamente, as partes real e imaginária da função* f, *i.e,* $u = Re(f)$ *e* $v = Im(f)$, *onde fazemos a identificação entre os espaços vetoriais de dimensão finita sobre o corpo de escalares* $\mathbb{R}$, $\mathbb{C}_{\mathbb{R}} \sim \mathbb{R}^2_{\mathbb{R}}$, *i.e, vemos agora* X *como subconjunto de* $\mathbb{R}^2$. *A função* f *é holomorfa em* X, *i.e, derivável no sentido de uma única variável complexa em* <u>*todos*</u> *os pontos de* X *se, e só se, as derivadas parciais das funções* u *e* v, *com relação às variáveis* x *e* y, *i.e, as funções* $\dfrac{\partial u}{\partial x}, \dfrac{\partial u}{\partial y}, \dfrac{\partial v}{\partial x}, \dfrac{\partial v}{\partial y}$, *existam, sejam contínuas em todos os pontos* $(x,y) \in X$ *e satisfaçam um par de equações diferenciais parciais, a saber, as chamadas de equações (ou condições) de Cauchy-Riemann, que são as seguintes equações:*

$$\frac{\partial u}{\partial x}(x,y) = \frac{\partial v}{\partial y}(x,y) \quad , \quad \frac{\partial u}{\partial y}(x,y) = -\frac{\partial v}{\partial x}(x,y) \quad , \quad \forall (x,y) \in X.$$

Além disso, sendo derivável, sua derivada, em um ponto qualquer $z \in X$, pode ser calculada pela fórmula: $f'(z) = \frac{df}{dz}(z) = \frac{\partial u}{\partial x}(x,y) + i\frac{\partial v}{\partial x}(x,y)$. O teorema de Looman-Menchoff afirma que tudo o que foi dito logo acima continua válido mesmo se a hipótese de que as derivadas parciais das partes real e imaginária da função sejam contínuas for suprimida.

b) Toda função real de duas variáveis reais $u : A \longrightarrow \mathbb{R}$ definida no subconjunto $A \subseteq \mathbb{R}^2$ que é harmônica é, pelo menos localmente, a parte real de uma função holomorfa $f = u+iv$. Podemos pensar, também, que ela pode ser, pelo menos localmente, a parte imaginária de uma função holomorfa g, onde $g = \pm if = \pm(-v + iu)$.

Daqui para frente, por simplicidade de notação, escreveremos u_x, u_y, v_x e v_y para designar as derivadas parciais das funções u e v com respeito às variáveis reais independentes x e y. Além disso, escrever que $f = u + iv \in Hol(A)$ significará que f é uma função complexa de uma única variável complexa definida e holomorfa no subconjunto aberto conexo $A \subseteq \mathbb{C}$.

Faremos, inicialmente, o caso 1). Suponhamos $f = u + iv \in Hol(A)$ e que $u(x,y) := h_1(x) + h_2(y)$ e $v(x,y) := s_1(x) + s_2(y)$. Valem, para u e v, as equações de Cauchy-Riemann em todos os pontos de A, i.e, $u_x = v_y$ e $u_y = -v_x$ em A. Mas, $u_x = h_1'(x), u_y = h_2'(y), v_x = s_1'(x)$ e $v_y = s_2'(y)$, de modo que, $u_x = v_y \Leftrightarrow h_1'(x) = s_2'(y)$ e $u_y = -v_x \Leftrightarrow h_2'(y) = -s_1'(x)$. A equação $h_1'(x) = s_2'(y)$ implica que $\exists c \in \mathbb{R}$ constante real, de tal forma que $h_1'(x) = s_2'(y) = c$, pois o membro esquerdo dessa mesma equação só depende da variável x, enquanto o membro direito só depende da variável y e, desse modo, só resta que ambas as funções desses membros sejam constantes e iguais a mesma constante. De forma inteiramente análoga, a equação $h_2'(y) = -s_1'(x)$ implica que $\exists\widetilde{c} \in \mathbb{R}$ constante real, de tal forma que $h_2'(y) = -s_1'(x) = \widetilde{c}$. Temos, portanto, quatro EDOs separadas para as funções h_1, h_2, s_1, s_2, a saber, $h_1'(x) = c, h_2'(y) = c, s_1'(x) = -\widetilde{c}$ e $s_2'(y) = \widetilde{c}$. Podemos notar que o desacoplamento das funções u e v originou quatro EDOs separadas para as funções h_1, h_2, s_1, s_2, e isso vai, também, ocorrer nos outros dois casos. De fato, o desacopamento de variáveis vai agir como uma espécie de "simetria" para o surgimento de EDOs, também, desacopladas. Vamos resolvê-las explicitamente. Temos que, $h_1'(x) = c \Rightarrow h_1(x) = \int c dx = cx + d_1$, onde $d_1 \in \mathbb{R}$ é uma constante de integração. Por sua vez, $s_2'(y) = c \Rightarrow s_2'(y) = cy + d_2$, onde $d_2 \in \mathbb{R}$ é uma constante de integração. Ainda, $h_2'(y) = \widetilde{c} \Rightarrow h_2(y) = \widetilde{c}y + \widetilde{d_1}$, $\widetilde{d_1} \in \mathbb{R}$

constante de integração e $s_1'(x) = \widetilde{c} \Rightarrow s_1(x) = -\widetilde{c}x + \widetilde{d_2}$, $\widetilde{d_2} \in \mathbb{R}$ *constante de integração. Logo, em termos das variáveis reais independentes* x, y, *podemos escrever que* $f(z) = u(x,y) + iv(x,y) = h_1(x)h_2(y) + is_1(x)s_2(y) = (cx + \widetilde{c}y + \underbrace{d_1 + \widetilde{d_1}}_{k_1}) + i(-\widetilde{c}x + cy + \underbrace{d_2 + \widetilde{d_2}}_{k_2}) =$ $(cx + \widetilde{c}y + k_1) + i(-\widetilde{c}x + cy + k_2)$. *Desse modo, expressamos a função* $f = f(z)$ *em termos das variáveis desmembradas* x *e* y. *Para expressar* f *em termos explícitos da variável complexa* z, *escrevemos* $x = \dfrac{z+\bar{z}}{2}$ *e* $y = \dfrac{z-\bar{z}}{2i}$ *e substituímos, para encontrar que,* $f(z) = \frac{c}{2}(z+\bar{z}) + \frac{\widetilde{c}}{2i}(z-\bar{z}) + k_1 - \frac{i\widetilde{c}}{2}(z+\bar{z}) + i\frac{c}{2i}(z-\bar{z}) + ik_2 = \frac{c}{2}(z+\bar{z}) + \frac{c}{2}(z-\bar{z}) - i\frac{\widetilde{c}}{2}(z-\bar{z}) - i\frac{\widetilde{c}}{2}(z+\bar{z}) + \underbrace{(k_1 + ik_2)}_{=k\in\mathbb{C}} = \frac{c}{\cancel{2}}\cdot\cancel{2}z - i\frac{\widetilde{c}}{\cancel{2}}\cdot\cancel{2}z + k = cz - i\widetilde{c}z + k = (c - i\widetilde{c})z + k = \overline{(c + i\widetilde{c})}z + k$. *Como as constantes reais* c *e* $\widetilde{c}$ *são arbitrárias, então* $\overline{c + i\widetilde{c}} \in \mathbb{C}$ *é qualquer constante complexa, digamos,* $a \in \mathbb{C}$. *Por sua vez,* $k = k_1 + ik_2 \in \mathbb{C}$ *é qualquer constante complexa, digamos,* $b \in \mathbb{C}$, *já que,* k_1, k_2 *são constantes reais arbitrárias. Portanto,* $f(z) = az + b$, *i.e, uma função afim da variável complexa* $z = x + iy$.

Façamos, agora, o caso 2). Para tal, vamos classificar todas as funções harmônicas reais de duas variáveis reais que desacoplam no sentido de produto e, usando as equações de Cauchy-Riemann, reconstruir suas harmônicas conjugadas, bem como a função holomorfa que as possuem como partes reais e imaginárias. Seja $u : A \to \mathbb{R}$ *uma função harmônica no subconjunto aberto conexo* $A \subseteq \mathbb{R}^2$ *que é desacoplada no sentido de produto, i.e,* $\exists h_1, h_2$ *definidas em um intervalo aberto* $I \subseteq \mathbb{R}$, *projeção de* A *sobre os eixos cartesianos, de tal forma que* $u(x,y) = h_1(x)h_2(y)$. *Como* u *é uma função harmônica, então, por definição, ela satisfaz a equação de Laplace em* A, *ou seja,* $u_{xx} + u_{yy} \equiv 0$ *em* A. *Mas,* $u_{xx} = h_1''(x)h_2(y)$ *e* $u_{yy} = h_1(x)h_2''(y)$, *de modo que,* $u_{xx} + u_{yy} \equiv 0$ *em* A *se, e só se,* $h_1''(x)h_2(y) + h_1(x)h_2''(y) = 0$. *Em relação a essa última equação, podemos escrever que* $h_1''(x)h_2(y) + h_1(x)h_2''(y) = 0 \Rightarrow h_1''(x)h_2(y) = -h_1(x)h_2''(y)$. *Supondo que* $h_1(x), h_2(y) \neq 0$, *pois caso contrário,* f *seria identicamente nula, então* $h_1''(x)h_2(y) = -h_1(x)h_2''(y) \Rightarrow \dfrac{-h_1''(x)}{h_1(x)} = \dfrac{h_2''(y)}{h_2(y)}$. *Em relação à última equação, podemos notar que o membro esquerdo só depende de* x *e é idêntico ao membro direito que só depende de* y *e, desse modo, a única possibilidade é que ambos esses membros sejam constantes e iguais a mesma constante. Em símbolos,* $\dfrac{-h_1''(x)}{h_1(x)} = \dfrac{h_2''(y)}{h_2(y)} \Rightarrow \exists c \in \mathbb{R}$ *constante real, de tal forma que,* $\dfrac{-h_1''(x)}{h_1(x)} = \dfrac{h_2''(y)}{h_2(y)} = c$. *Essa última equação nos diz que* $\dfrac{-h_1''(x)}{h_1(x)} = c$ *e* $\dfrac{h_2''(y)}{h_2(y)} = c$, *o que implica que* $-h_1''(x) = ch_1(x)$ *e* $h_2''(y) = ch_2(y)$, *ou seja,* $h_1''(x) + ch_1(x) = 0$ *e* $h_2''(y) - ch_2(y) = 0$. *Na verdade, o desacoplamento de variáveis "serve" para se obter equações (diferenciais ordinárias) separadas para as funções* $h_1 = h_1(x)$ *e* $h_2 = h_2(y)$ *(uma espécie de "simetria"). Vamos resolvê-las explicitamente. Para a equação* $h_1''(x) + ch_1(x) = 0$ *supomos uma solução da forma* $h_1(x) := e^{\lambda_1 x}$, *para algum* λ_1 *possivelmente complexo (a solução se tornará mais tarde real devido a propriedades da teoria das EDOs linerares). Assim, temos que, sendo* $h_1''(x) = \lambda_1^2 e^{\lambda_1 x}$, *então,* $h_1''(x)+ch_1(x) = 0 \Leftrightarrow \lambda_1^2 e^{\lambda_1 x}+ce^{\lambda_1 x} = 0 \Leftrightarrow \underbrace{e^{\lambda_1 x}}_{\neq 0}(\lambda_1^2+c) = 0 \Leftrightarrow \lambda_1^2+c = 0.$ *De modo similar, supondo* $h_2(y) := e^{k_2 y}$, *para algum* λ_2 *possivelmente complexo, e sendo* $h_2''(y) = \lambda_2^2 e^{\lambda_2 y}$, *obtemos para* $h_2''(y) - ch_2(y) = 0$ *que* $\lambda_2^2 e^{\lambda_2 y} - ce^{\lambda_2 y} = 0 \Leftrightarrow \underbrace{e^{\lambda_2 y}}_{\neq 0}(\lambda_2^2 - c) = 0 \Leftrightarrow \lambda_2^2 - c = 0$. *Agora, devemos analisar as equações* $\lambda_1^2 + c = 0$ *e* $\lambda_2^2 - c = 0$ *de acordo com os casos em que* $c = 0$, $c > 0$ *e* $c < 0$. *O caso degenerado* $c = 0$ *nos conduz ao fato de que uma função constante naturalmente se desacopla no sentido de produto. Suponhamos, agora, que* $c > 0$. *Então,* $\lambda_1^2 = -c$ *e* $\lambda_2^2 = c \Rightarrow \lambda_1 = \pm\sqrt{c}i$ *e* $\lambda_2 = \pm\sqrt{c} \Leftrightarrow h_1(x) = e^{\pm\sqrt{c}ix}$ *e* $h_2(y) = e^{\pm\sqrt{c}y} \underbrace{\Leftrightarrow}_{\text{teoria das EDO's lineares}} h_1(x) = k_1\cos(\sqrt{c}x) + k_2\,sen(\sqrt{c}x)$ *(podemos notar que essa* $h_1 = h_1(x)$ *é uma função real) e* $h_2(y) = \widetilde{k_1}e^{\sqrt{c}y} + \widetilde{k_2}e^{-\sqrt{c}y}$, *onde* $k_1, k_2, \widetilde{k_1}, \widetilde{k_2} \in \mathbb{R}$ *são constantes reais. Assim, nesse caso, a função harmônica u se escreve como* $u(x,y) = h_1(x)h_2(y) = (k_1\cos(\sqrt{c}x) + k_2\,sen(\sqrt{c}x))(\widetilde{k_1}e^{\sqrt{c}y} + \widetilde{k_2}e^{-\sqrt{c}y})$. *No caso em que* $c < 0$, *de modo similar, vamos obter que* $h_1(x) = k_1 e^{\sqrt{c}x} + k_2 e^{-\sqrt{c}x}$ *e* $h_2(y) = \widetilde{k_1}\cos(\sqrt{c}y) + \widetilde{k_2}\,sen(\sqrt{c}y)$ *e, portanto,* $u(x,y) = h_1(x)h_2(y) = (k_1 e^{\sqrt{c}x} + k_2 e^{-\sqrt{c}x})(\widetilde{k_1}\cos(\sqrt{c}y) + \widetilde{k_2}\,sen(\sqrt{c}y))$. *Não há perda de generalidade alguma, para essas últimas expressões, em se supor* $c = 1$ *para o primeiro caso e* $c = -1$ *para o segundo caso. De maneira resumida, vamos obter o seguinte:*

- $c = 0 \Rightarrow u(x,y) = constante \Rightarrow f(z) = u(x,y) + iv(x,y) = constante.$
- $c = 1 \Rightarrow u(x,y) = h_1(x)h_2(y) = (k_1\cos(x) + k_2\,sen(x))(\widetilde{k_1}e^{y} + \widetilde{k_2}e^{y})$ *(vamos encontrar explicitamente* $f = u + iv$ *logo adiante).*
- $c = -1 \Rightarrow u(x,y) = h_1(x)h_2(y) = (k_1 e^{x} + k_2 e^{x})(\widetilde{k_1}\cos(y) + \widetilde{k_2}\,sen(y)).$

Assim, acabamos de classificar as funções harmônicas reais de duas variáveis reais que desacoplam no sentido de produto. Agora, sendo u harmônica, então ela é, pelo menos localmente, a parte real de uma função holomorfa (em nosso presente caso, i.e, no sentido de desacoplamento de variáveis, elas serão globalmente a parte real e, portanto, nossas funções $f = f(z)$ *estarão definidas em todo o plano complexo* $\mathbb{C}$*).*

Observamos, agora, o seguinte: a função $u = u(x,y)$ *obtida para o caso* $c = 1$, *difere da função* $u = u(x,y)$ *obtida do caso* $c = -1$, *no seguinte sentido: Se uma é a parte real de uma função holomorfa* $f = f(z)$, *então a outra é parte real de funções do tipo "*$\pm if(z)$*" e "*$f(\pm iz)$*", de modo que só precisamos reconstruir explicitamente a função holomorfa em um dos casos.*

Vamos considerar o caso $c < 0$ (de modo mais específico, o caso $c = -1$), i.e, $u = u(x,y) = h_1(x)h_2(y) = (k_1e^x + k_2e^{-x})(\widetilde{k_1}\cos(y) + \widetilde{k_2}\,sen(y))$. Seja $v = v(x,y)$ sua função harmônica conjugada. Podemos encontrá-la explicitamente por intermédio de uma das equações de Cauchy-Riemann, a saber, $u_x = v_y$ e, desse modo, sendo $u_x(x,y) = h_1'(x)h_2(y) = (k_1e^x - k_2e^{-x})(\widetilde{k_1}\cos(y) + \widetilde{k_2}\,sen(y))$, então $v_y(x,y) = (k_1e^x - k_2e^{-x})(\widetilde{k_1}\cos(y) + \widetilde{k_2}\,sen(y)) \Rightarrow v(x,y) = \int v_y(x,y)dy = \int (k_1e^x - k_2e^{-x})(\widetilde{k_1}\cos(y) + \widetilde{k_2}\,sen(y))dy = (k_1e^x - k_2e^{-x})(\widetilde{k_1}\,sen(y) - \widetilde{k_2}\cos(y)) + g(x)$, onde $g = g(x)$ é uma função real de uma única variável real, no caso, da variável x, definida em um intervalo aberto I da reta. Por simplicidade, vamos considerar $g \equiv 0$. Logo, $f(z) = u(x,y) + iv(x,y) = (k_1e^x + k_2e^{-x})(\widetilde{k_1}\cos(y) + \widetilde{k_2}\,sen(y)) + i(k_1e^x - k_2e^{-x})(\widetilde{k_1}\,sen(y) - \widetilde{k_2}\cos(y))$. Portanto, essa é a forma geral, desmembrada em função de x e y das funções holomorfas que possuem partes reais e imaginárias desacopladas no sentido de produto. Por exemplo, se $k_1 = 1, k_2 = 0, \widetilde{k_1} = 1$ e $\widetilde{k_2} = 0$, obtemos $f(z) = e^x\cos(y) + ie^x\,sen(y)$ que é a função exponencial complexa $e^z, z = x + iy$. Seja, agora, $f(z) := \cos(z)$. Então, usando a fórmula de adição de arcos para o caso complexo, segue que

$$\cos(z) = \cos(x+iy) = \cos(x)\cos(iy) - sen(x)\,sen(iy) =$$
$$\cos(x)\left(\frac{e^{i.iy} + e^{-i.iy}}{2}\right) - sen(x)\left(\frac{e^{i.iy} - e^{-i.iy}}{2i}\right) = \cos(x)\frac{(e^y + e^{-y})}{2} - sen(x)\frac{(e^{-y} - e^y)}{2i} =$$
$$\cos(x)\cosh(y) + sen(x)\frac{(e^y - e^{-y})}{2i} = \cos(x)\cosh(y) - i\,sen(x)\frac{e^y - e^{-y}}{2} =$$
$$\cos(x)\cosh(y) - i\,sen(x)\sinh(y) = \cos(x)\cosh(y) + i(-\,sen(x)\sinh(y)).$$

Assim, podemos observar que as partes real e imaginária da função cosseno complexo desacoplam no sentido de produto e pode ser obtida de $f(z) = (k_1\cos(x) + k_2\,sen(x))(\widetilde{k_1}e^y + \widetilde{k_2}e^{-y}) + iv(x,y)$, onde $v = v(x,y)$ é harmônica conjugada de $u = u(x,y) = (k_1\cos(x) + k_2\,sen(x))(\widetilde{k_1}e^y + \widetilde{k_2}e^{-y})$ (deixamos para que os leitores a reconstruam, assim como fizemos no outro caso acima), pensando no caso $k = 1$, tomando-se $k_1 = 1, k_2 = 0, \widetilde{k_1} = \widetilde{k_2} = \frac{1}{2}$. De modo análogo, a função $f(z) = sen(z)$ possui partes real e imagináta que também desacoplam no sentido de produto e, como no caso anterior, podemos encontrar as constantes $k_1, k_2, \widetilde{k_1}, \widetilde{k_2}$ que a recuperam.

Faremos, agora, o caso da função cosseno hiperbólico complexo $f(z) = \cosh(z)$ sendo o caso da função seno hiperbólico complexo $f(z) = \sinh(z)$ análogo. Pela fórmula de adição de arcos para o caso complexo, temos que $\cosh(z) = \cosh(x+iy) = \cosh(x)\cosh(iy) + \sinh(x)\sinh(iy)$, onde $\cosh(iy) = \frac{e^{iy}+e^{-iy}}{2} = \frac{\not{2}\cos(y)}{\not{2}} = \cos(y)$ e $\sinh(iy) = \frac{e^{iy}-e^{-iy}}{2i} = \frac{\not{2}\,sen(y)}{\not{2}i} = -i\,sen(y)$ e, portanto, $\cosh(z) = \cosh(x)\cos(y) + i\sinh(x)\,sen(y)$, e esta pode *ser obtida de* $f(z) = (k_1e^x + k_2e^x)(\widetilde{k_1}\cos(y) + \widetilde{k_2}\,sen(y)) + i(k_1e^x - k_2e^{-x})(\widetilde{k_1}\,sen(y) - \widetilde{k_2}\cos(y))$ *tomando-se* $k_1 = k_2 = \frac{1}{2}, \widetilde{k_1} = 1$ *e* $\widetilde{k_2} = 0$.

Para o caso geral, quando as constantes $k_1, k_2, \widetilde{k_1}, \widetilde{k_2}$ *"percorrem" o conjunto dos números reais, as expressões para* $f(z) = (k_1e^x + k_2e^{-x})(\widetilde{k_1}\cos(y) + \widetilde{k_2}\,sen(y)) + i(k_1e^x - k_2e^{-x})(\widetilde{k_1}\,sen(y) - \widetilde{k_2}\cos(y))$ *e para* $f(z) = k_1\cos(x) + k_2\,sen(x))(\widetilde{k_1}e^y + \widetilde{k_2}e^{-y}) + iv(x,y)$, *onde* $v = v(x,y)$ *é harmônica conjugada de* $u = u(x,y) = (k_1\cos(x) + k_2\,sen(x))(\widetilde{k_1}e^y + \widetilde{k_2}e^{-y})$, *descrevem combinações lineares complexas entre funções do tipo* "$e^{\pm z}$", "$e^{\pm iz}$", "$\pm ie^z$", "$\cos(\pm z)$", "$\cos(\pm iz)$", "$\pm i\cos(z)$", "$sen(\pm z)$", "$sen(\pm iz)$", "$\pm i\,sen(z)$", "$\cosh(\pm z)$", "$\cosh(\pm iz)$", "$\pm i\cosh(z)$", "$\sinh(\pm z)$", "$\sinh(\pm iz)$"e "$\pm i\sinh(z)$". *Assim, a menos disso, as únicas funções holomorfas de uma única variável complexa cujas partes real e imaginária que desacoplam no sentido de produto são as funções exponencial complexa* e^z, *as funções seno e cosseno complexos* $sen(z)$ *e* $\cosh(z)$ *e as funções seno e cosseno hiperbólicas complexas* $\sinh(z)$ *e* $\cosh(z)$. *Notamos que todas essas funções são inteiras, i.e, holomorfas em todo o plano complexo* $\mathbb{C}$.

Por fim, faremos o caso 3). Suponhamos que $f = u + iv$ *seja uma função definida e holomorfa em um subconjunto* $A \subseteq \mathbb{C}$ *aberto conexo e que* $u(x,y) = h_1(x)h_2(y)$ *e* $v(x,y) = s_1(x) + s_2(y)$, *onde* h_1, h_2, s_1, s_2 *são funções reais de uma única variável real definidas em um intervalo aberto* I *da reta onde o qual pode ser pensado com a projeção de* A *sobre os eixos coordenados. Temos que* $u_x = h_1'(x)h_2(y), u_y = h_1(x)h_2'(y), V_x = s_1'(x)$ *e* $v_y = s_2'(y)$. *Como* f *é holomorfa em* A, *então valem as equações de Cauchy-Riemann para* u *e* v *em* A, *i.e,* $u_x = v_y$ *e* $u_y = -v_x$ *e, portanto, segue que* $h_1'(x)h_2(y) = s_2'(y)$ *e* $h_1(x)h_2'(y) = -s_1'(x)$. *Para último par de equações, supondo* $f \neq 0$ *(ou seja, que* $h_1(x), h_2(y) \neq 0$*), então* $h_1'(x) = \frac{s_2'(y)}{h_2(y)}$ *e* $h_2'(y) = \frac{-s_1'(x)}{h_1(x)}$. *Assim como observamos nos casos anteriores, esse último par de equações implicam que* $\exists c, \widetilde{c} \in \mathbb{R}$ *constantes reais de tal forma que se tem* $h_1'(x) = \frac{s_2'(y)}{h_2(y)} = c$ *e* $h_2'(y) = \frac{-s_1'(x)}{h_1(x)} = \widetilde{c}$. *Desse modo, obtemos as equações separadas dadas por* $h_1'(x) = c, \frac{s_2'(y)}{h_2(y)} = c, h_2'(y) = \widetilde{c}$ *e* $\frac{-s_1'(x)}{h_1(x)} = \widetilde{c}$. *Assim, resolvendo as duas primeiras equações acima, segue que* $h_1(x) = cx + d$, *onde* $d \in \mathbb{R}$ *é uma constante de integração e* $h_2(y) = \frac{s_2'(y)}{c}$, *onde* $c \neq 0$ *(c não é uma constante de integração). Agora, resolvendo-se as outras duas equações, segue que* $h_2(y) = \widetilde{c}y + \widetilde{d}$, *onde* $\widetilde{d} \in \mathbb{R}$ *é uma constante de integração e* $h_1(x) = \frac{-s_1'(x)}{\widetilde{c}}$, *onde* $\widetilde{c} \neq 0$ *(*$\widetilde{c}$ *não é uma constante de integração). Logo,* $\frac{-s_1'(x)}{\widetilde{c}} = cx + d$ *e* $\frac{s_2'(y)}{c} = \widetilde{c}y + \widetilde{d}$ *e,* *portanto,* $-s_1'(x) = \widetilde{c}(cx+d) \Rightarrow s_1'(x) = -\widetilde{c}(cx+d)$ *e* $s_2'(y) = c(\widetilde{c}y+\widetilde{d})$. *Ao se resolverem as duas últimas equações por primitização direta, vamos obter que* $s_1(x) = -\widetilde{c}\left(\frac{c}{2}x^2+dx\right)+b$, *onde* $b \in \mathbb{R}$ *é uma constante de integração. Por sua vez,* $s_2(y) = c\left(\frac{\widetilde{c}}{2}y^2+\widetilde{d}y\right)+\widetilde{b}$, *onde* $\widetilde{b} \in \mathbb{R}$ *é uma constante de integração. Logo,* $u(x,y) = h_1(x)h_2(y) = (cx+d)(\widetilde{c}y+\widetilde{d})$ *e* $v(x,y) = s_1(x)+s_2(y) = -\widetilde{c}\left(\frac{c}{2}x^2+dx\right)+b+c\left(\frac{\widetilde{c}}{2}y^2+\widetilde{d}y\right)+\widetilde{b}$ *e, portanto,* $f(z) = u(x,y)+iv(x,y) = h_1(x)h_2(y)+i(s_1(x)+s_2(y)) = (cx+d)(\widetilde{c}y+\widetilde{d})+i(-\widetilde{c}\left(\frac{c}{2}x^2+dx\right)+c\left(\frac{\widetilde{c}}{2}y^2+\widetilde{d}y\right)+r)$, *onde* $r = b+\widetilde{b} \in \mathbb{R}$. *Fazendo-se as substituições* $x = \frac{z+\overline{z}}{2}$ *e* $y = \frac{z-\overline{z}}{2i}$ *e fazendo-se alguns cálculos, vamos encontrar que* f *é uma função polinomial de grau igual a 2 na variável complexa* z. *Por exemplo, sendo* $c = 1, d = 0, \widetilde{c} = 1, \widetilde{d} = 0$ *e* $r = 0$, *então* $f(z) = xy+i\left(\frac{-x^2}{2}+\frac{y^2}{2}\right) = xy+i\left(\frac{1}{2}(y^2-x^2)\right)$. *A menos de um fator multiplicativo* $\pm i$, *a função holomorfa pode ser tal que sua parte real desacopla no sentido de soma e sua parte imaginária desacopla no sentido de produto, como é o caso de* $f(z) := z^2 = (x+iy)^2 = (x^2-y^2)+i(2xy)$.

Resumindo-se:

1) *As funções holomorfas cujas partes real e imaginária desacoplam no sentido de soma são exatamente as funções afins da variável complexa* z, *i.e,* $f(z) = az+b$, *onde* a, b *são constantes complexas com* a *não nulo. Elas são funções inteiras.*

2) *As funções holomorfas cujas partes real e imaginária desacoplam no sentido de produto, a menos de simples variações as quais vimos ao longo do texto, são a função exponencial complexa* e^z, *as funções seno e cosseno complexos sen*(z) e $\cos(z)$, *e as funções seno e cosseno hiperbólicos complexos* $\sinh(z)$ e $\cosh(z)$. *Elas todas são funções inteiras.*

3) *As funções holomorfas cujas partes real e imaginária desacoplam, respectivamente, no sentido de soma e de produto, são funções polinomiais complexas da variável complexa* z, *i.e, são da forma* $p(z) := az^2+bz+c$, *onde* a, b, c *são constantes complexas com* a *não nulo. Trata-se de uma função inteira.*

CAPÍTULO 5

Teoremas Complementares em Variáveis Complexas

Teorema 5.1. *(Condições suficientes, porém não necessárias, para que uma função holomorfa seja constante). Mostre que uma função holomorfa* $f = u + iv : A \to \mathbb{C}$, $A \subseteq \mathbb{C}$ *aberto conexo, é constante, se:*

a) $Re(f) = u$ *é constante.*

b) $Im(f) = v$ *é constante.*

c) $|f| = \sqrt{u^2 + v^2}$ *é constante.*

d) $\arg(f) = \arctan(v/u)$ *é constante (também conhecido como "Teorema do Argumento Constante").*

e) $Re(f) = kIm(f)$, *i.e,* $u = kv$, *para alguma constante real* $k \in \mathbb{R}$. *Em particular, se as partes real e imaginária de uma função holomorfa forem iguais, então ela é constante, i.e,* $f = u + iu = (1 + i)u, f \in Hol(A) \Rightarrow f = constante$.

f) $Re(f).Im(f) = u.v$ *é constante.*

g) $Re^2(f) - Im^2(f) = u^2 - v^2$ *é constante.*

h) $Re(f) = u$ *é limitada em todo o plano (Precisaremos do Teorema de Liouville).*

i) $Im(f) = v$ *é limitada em todo o plano.*

j) $Re(f) = u$ *é não negativa ou não positiva em todo o plano. (Esse é um resultado da teoria das funções harmônicas que, em outras palavaras, diz que uma função harmônica não constante deve, necessariamente, trocar de sinal em um aberto conexo do plano. Além da demonstração para o caso complexo, deixaremos registrado alguns comentários sobre o caso harmônico).*

k) $Im(f) = v$ *é não negativa ou não positiva em todo o plano.*

Antes da demonstração desses itens, faremos a seguinte observação:

OBSERVAÇÃO 5.1. *As condições topológicas "domínio de* f *ser aberto conexo" anexadas com, pelo menos uma, das seguintes condições analíticas, a saber:* f *ter parte real constante, ou* f *ter parte imaginária constante, ou* f *ter módulo constante ou, finalmente,* f *ter argumento constante, garantem* f *ser constante em seu domínio. Deixamos a cargo dos leitores verificarem que as seguintes condições, "um pouco" mais gerais do que as do enunciado do resultado acima, garantem* f *ser constante, desde que, seu domínio, seja um aberto conexo do plano complexo, a saber:*

(1) *Se* k_1u+k_2v *for constante, então* f *é constante (i.e, se uma combinação linear genérica entre as partes real e imaginária de* $f = u + iv$ *for constante, então* f *é constante).*

(2) *Se* $k|f|, k$ *uma constante real, for constante, então* f *é constante, (i.e, se o produto de uma constante real pela função módulo de uma função complexa de uma única variável complexa for uma função constante, então* f *é constante).*

3) *Se* $k\arg(f), k$ *uma constante real, for constante, então* f *é constante, (i.e, se o produto de uma constante real pela função argumento de uma função complexa de uma única variável complexa for uma função constante, então* f *é constante).*

4) *Se* kuv, k *uma constante real, for constante, então* f *é constante, (i.e, se o produto de uma constante real pela função produto das partes real e imaginária (via Teorema do Produto Harmônico)* $Re(f).Im(f) = uv$ *de uma função complexa de uma única variável complexa for uma função constante, então* f *é constante).*

5) *Se* $k(u^2 - v^2), k$ *uma constante real, for constante, então* f *é constante, (i.e, se o produto de uma constante real pela função* $(x, y) \mapsto u^2 - v^2 = Re^2(f) - Im^2(f)$ *oriunda de uma função complexa de uma única variável complexa for uma função constante, então* f

é constante).

6) *Se uma combinação linear entre as partes real e imaginária de uma função $f = u + iv$ inteira (i.e, holomorfa em todo o plano complexo $\mathbb{C}$), $k_1u + k_2v$ for limitada, k_1, k_2 constantes reais, então f é constante.*

Demonstração. a) $u(x, y) =$ constante, $\forall(x, y) \in A \Rightarrow u_x = u_y \equiv 0$ em A; como $f \in Hol(A)$ valem as equações de Cauchy-Riemann, a saber, $u_x = 0 = u_y$ e $u_y = 0 = -v_x$ em todo A e, portanto, vale que $v_x = v_y \equiv 0$ em A $\underbrace{\Rightarrow}_{\text{A aberto conexo}}$ $f = u + iv =$ constante+$i$constante = constante.

b) Existem duas maneiras de se resolver esse item. O primeiro modo é proceder como no item a). Não o faremos por ser substancialmente analógico a ele e deixamos a cargo dos leitores. Uma segunda maneira consiste em notar os seguintes fatos: Se $f \in Hol(A) \Rightarrow -if \in Hol(A)$ e $-if = -i(u + iv) = v - iu$ de modo que $Re(if) = v = Im(f)$. Dessa forma, pelo item a), se v é constante em A, então if é constante em A e, portanto, f é constante em A.

c) Se $|f| \equiv 0 \Rightarrow f \equiv 0 \Rightarrow f$ é constante. Na verdade, deixamos como exercício para que os leitores comprovem que, dado $w \in \mathbb{C}$, então $|w| = 0 \Leftrightarrow w = 0$. Suponhamos, então, $f \neq 0$ e, portanto, $|f| \neq 0$. Se $|f|$ é constante, então $|f|^2$ é constante, ou seja, $u^2 + v^2 =$ constante. Derivando essa igualdade com respeito à variável x e com respeito à variável y, vamos obter que $2uu_x + 2vv_x = 0 \Rightarrow uu_x + vv_x = 0$ e $uu_y + vv_y = 0$. Mas, como f é, por hipótese, holomorfa no aberto conexo A, então valem as equações de Cauchy-Riemann em A, i.e, $u_x = v_y$ e $u_y = -v_x$. Substituindo-se nas duas expressões anteriores temos, portanto, o seguinte sistema planar dado por

$$\begin{cases} uu_x + vv_x = 0 \\ vu_x - uv_x = 0 \end{cases}$$

Existem diversas maneiras de se resolver esse sistema e uma delas é a que se segue: multiplicamos a primeira linha por v para se obter a equação $uvu_x + v^2v_x = 0$ e multiplicamos a segunda linha por u para se obter a equação $uvu_x - u^2v_x = 0$ e, assim, obtemos o seguinte sistema planar

$$\begin{cases} uvu_x + v^2 v_x = 0 \\ uvu_x - u^2 v_x = 0 \end{cases}$$

Agora, multiplicamos a segunda linha por -1 e somamos na primeira linha obtendo, assim, a seguinte equação: $u^2 v_x + v^2 v_x = 0 \Rightarrow \underbrace{(u^2 + v^2)}_{\neq 0, \text{pois} |f| \neq 0} v_x \equiv 0 \Rightarrow v_x \equiv 0 \Rightarrow uvu_x = 0 \underbrace{\Rightarrow}_{u,v \neq 0} u_x \equiv 0 \underbrace{\Rightarrow}_{Cauchy-Riemann} u_y = v_y \equiv 0 \Rightarrow u = \text{constante}$ e $v = \text{constante} \Rightarrow f = u + iv =$ constante+$i$constante = constante.

d) Vamos, agora, provar o Teorema do Argumento Constante. Seja f uma função holomorfa no aberto conexo $A \subseteq \mathbb{C}$ do plano complexo, digamos $f := u + iv$, de tal forma que sua função argumento associada, $\arctan(f(z)) := \arctan\left(\dfrac{v(x,y)}{u(x,y)}\right)$, $u(x,y) \neq 0$, seja constante em A, ou seja, $\exists k \in \mathbb{R}; \arctan\left(\dfrac{v(x,y)}{u(x,y)}\right) = k, \forall (x,y) \in A$ com $u(x,y) \neq 0$. Dessa forma, segue que $\dfrac{v(x,y)}{u(x,y)} = \text{tg}(k), \forall (x,y) \in A, u(x,y) \neq 0 \Rightarrow v(x,y) = \text{tg}(k) u(x,y), \forall (x,y) \in A, u(x,y) \neq 0$. Como a função tangente real é sobrejetiva, segue que $\text{tg}(k)$ é qualquer número real, desde que $k \neq \dfrac{\pi}{2} + k\pi = \pi\dfrac{(2k+1)}{2}, k \in \mathbb{Z}$. Seja, portanto, $\text{tg}(k) = r$ e, desse modo, $v(x,y) = ru(x,y), \forall (x,y) \in A, u(x,y) \neq 0$. Logo, a função holomorfa f se escreve como $f = u + iv = u + iru = (1 + ir)u \Rightarrow Re(f) = u, Im(f) = ru, r \in \mathbb{R}$. Como f é holomorfa, valem as condições de Cauchy-Riemann e, portanto, segue que $u_v = (ru)_y, u_y = -(ru)_x \Rightarrow u_x = ru_y, u_y = -ru_x \Rightarrow u_x = ru_y = r.(-ru_x) = -r^2 u_x \Rightarrow u_x + r^2 u_x = 0 \Rightarrow u_x(\underbrace{1 + r^2}_{\neq 0, \forall r \in \mathbb{R}}) \Rightarrow u_x \equiv 0$ em A aberto conexo $\Rightarrow u$ não depende explicitamente da variável $x \Rightarrow u_x = 0 = ru_y$ em todos os pontos de $A \Rightarrow u_y \equiv 0$, ou seja, u não depende explicitamente da variável y. Logo, $u = u(x,y)$ não depende explicitamente nem de x nem de y e, portanto, é constante, digamos $u \equiv s$, onde $s \in \mathbb{R}$ é uma constante real. Finalmente, $f = (1 + ir)u = (1 + ir)s = (1 + i\,\text{tg}(k))s$ constante em A.

e) Como escólio do item d), i.e, como corolário da demonstração desse mesmo item, mostramos o item e), i.e, que se $f = u + iv, f \in Hol(A), A$ aberto conexo, e $\exists r \in \mathbb{R}$ constante real; $v = ru$ em todo A, então f é constante.

f) Suponha que $f = u + iv \in Hol(A)$ onde A é um subconjunto aberto conexo do plano complexo. Queremos mostrar que se o produto $Re(f).Im(f) = u.v$ for constante em A, então

f é constante em A. O que vamos fazer agora é o seguinte: mostremos que essas hipóteses implicam que u e v são constantes e, portanto, $f = u+iv$ é constante. De fato, inicialmente podemos notar que se $f = u + iv \in Hol(A) \Rightarrow \frac{-i}{2}f^2 = \frac{-i}{2}(u + iv)^2 = \frac{-i}{2}((u^2 - v^2) + i(2uv)) = uv - \frac{i}{2}(u^2 - v^2) \in Hol(A)$. Definimos $g := -\frac{i}{2}f^2, U := uv$ e $V := -\frac{1}{2}(u^2 - v^2)$ de modo que $g := U + iV$ é uma função holomorfa em um aberto conexo A do plano complexo cuja parte real U, por hipótese, é constante em A. Logo, pelo item a) desse resultado, segue que a função g é constante em A e, portanto, $Re(g) = U$ e $Im(g) = V$ são constantes em A, digamos $U = k_1$ e $V = \widetilde{k_2}$, onde $k_1, \widetilde{k_2}$ são constantes reais. Segue, portanto, que $uv = k_1$ e $-\frac{1}{2}(u^2 - v^2) = \widetilde{k_2} \Rightarrow u^2 - v^2 = k_2$, onde $k_2 = -2\widetilde{k_2}$ e, assim, temos o seguinte sistema não linear planar dado por

$$\begin{cases} uv = k_1 \\ u^2 - v^2 = k_2 \end{cases}$$

A primeira equação desse sistema nos diz que $v = \frac{k_1}{u}$ e, portanto, substituindo-se na segunda equação, segue que $u^2 - \left(\frac{k_1}{u}\right)^2 = k_2 \Rightarrow u^2 - \frac{k_1^2}{u^2} = k_2 \Rightarrow u^4 - k_1^2 = k_2 u^2 \Rightarrow u^4 - k_2 u^2 - k_1^2 = 0 \underbrace{\Rightarrow}_{u^2=s} s^2 - k_2 s - k_1^2 = 0 \Rightarrow s = \frac{k_2 \pm \sqrt{k_2^2 + 4k_1^2}}{2} \underbrace{\Rightarrow}_{u\in\mathbb{R}} u = \pm\sqrt{\frac{k_2 \pm \sqrt{k_2^2 + 4k_1^2}}{2}} = \text{constante}.$
De fato, a solução $\frac{k_2 - \sqrt{k_2^2 + 4k_1^2}}{2}$ não pode ocorrer, pois sendo $k_2^2 + 4k_1^2 \geq k_2^2, \forall k_1, k_2 \in \mathbb{R}$, então $\sqrt{k_2^2 + 4k_1^2} \geq \sqrt{k_2^2} = |k_2| \geq k_2, \forall k_1, k_2 \in \mathbb{R} \Rightarrow k_2 - \sqrt{k_2^2 + 4k_1^2} \leq 0, \forall k_1, k_2 \in \mathbb{R}$ e, portanto, $u = \pm\sqrt{\frac{k_2 - \sqrt{k_2^2 + 4k_1^2}}{2}}$ é um número possivelmente complexo, contrariando o fato de que a função u é real, por ser parte real de uma função complexa de uma única variável complexa. Dessa forma, segue que $v = \frac{k_1}{u} = \frac{k_1}{\pm\sqrt{\frac{k_2 \pm \sqrt{k_2^2 + 4k_1^2}}{2}}}$ é constante. Logo, u e v são constantes e, portanto, $f = u + iv$ é constante.

g) $f = u+iv \in Hol(A) \Rightarrow f^2 = (u^2 - v^2) + i(2uv) \in Hol(A)$. Se $Re(f^2) = u^2 - v^2$ é constante em A, pelo item a), segue que f^2 é constante em A e, portanto, $u^2 - v^2 = k_1$ e $uv = k_2$. Trata-se do mesmo sistema obtido e resolvido explicitamente acima. Logo, concluímos que u, v são constantes em A e, portanto, $f = u + iv$ é constante em A.

h) Para resolver esse item, precisaremos do Teorema de Liouville, o qual enunciamos a seguir:

Teorema 5.2. *Seja $f : \mathbb{C} \to \mathbb{C}$ uma função complexa de uma única variável complexa inteira, i.e, holomorfa em todo o plano complexo $\mathbb{C}$. Se f é limitada em $\mathbb{C}$, i.e, $\exists k \in [0, +\infty) \subsetneq \mathbb{R}; |f(z)| \leq k, \forall z \in \mathbb{C}$, então f é constante.*

Com esse resultado, podemos concluir que, se uma função complexa de uma única variável complexa que é limitada em $\mathbb{C}$ e é não constante, então ela não pode ser holomorfa. Por exemplo, a função complexa de uma única variável complexa $f(z = x + iy) := \operatorname{sen}(x) + i\cos(y)$ definida para qualquer $z \in \mathbb{C}$ é limitada em $\mathbb{C}$ (deixamos esse fato para que os leitores o verifiquem) e é não constante e, portanto, não pode ser holomorfa.

Podemos, agora, resolver o item proposto. Suponhamos que $f = u + iv \in Hol(\mathbb{C})$ e que $Re(f) = u$ seja limitada, digamos, $|u(x, y)| \leq k, \forall (x, y) \in \mathbb{R}^2$. Mostremos que f é constante. Temos que, como f é, por hipótese, inteira e a exponencial complexa a, saber, $\exp : \mathbb{C} \to \mathbb{C}, e^z = e^{x+iy} := e^x e^{iy} = e^x(\cos(y) + i\operatorname{sen}(y))$ é, também, uma função inteira (já que, como os leitores podem comprovar, ela satisfaz as Equações de Cauchy-Riemann em todos os pontos do plano), então sua função composta, a saber, e^f é, ainda, uma função inteira. Mas, como os leitores podem comprovar, vale que $|e^w| = e^{Re(w)}, \forall w \in \mathbb{C}$ e, portanto, $|e^f| = e^{Re(f)} = e^u$. Por sua vez, como u é uma função limitada, então e^u é limitada e, assim, e^f é limitada. De fato, como $|u| \leq k$ em $\mathbb{R}^2$, então, $-k \leq u \leq k \Rightarrow e^{-k} \leq e^u \leq e^k$, i.e, $e^{u(x,y)} \in [e^{-k}, e^k], \forall (x, y) \in \mathbb{R}^2$, ou seja, $|e^f| \in [e^{-k}, e^k], \forall z \in \mathbb{C}$. Portanto, concluímos que a função e^f é uma função inteira e limitada e, segundo o Teorema de Liouville, ela é uma função constante, digamos, $e^f = c$, onde $c \in \mathbb{C}$ é uma função constante. Por fim, só resta mostrar que isso implica que f é constante. De fato, derivando a expressão $e^f = c$, vamos obter que $e^f.f' = 0$ e, como os leitores podem comprovar, sendo $e^w \neq 0, \forall w \in \mathbb{C}$, então $e^f.f' = 0 \underbrace{\Rightarrow}_{e^f \neq 0} f' \equiv 0$ em todo $\mathbb{C}$. Logo, f é uma função holomorfa cuja derivada é nula em todos os pontos de um aberto conexo, no caso o plano complexo $\mathbb{C}$ e, portanto, f é uma função constante.

i) Se a parte imaginária de uma função inteira é limitada, então podemos usar o item anterior h) para concluir que ela é constante. De fato, seja $f = u + iv \in Hol(\mathbb{C})$ e suponhamos que $Im(f) = v$ é limitada. Mostremos que f é constante. De fato, podemos notar que se f é inteira, então $-if$ é inteira, onde $-if = -i(u + iv) = v - iu$. Mas, a parte real da função inteira $-if$ é exatamente a parte imaginária da função f, v que é suposta limitada. Logo, $-if$ é uma função inteira com parte real limitada e, portanto, pelo item h) ela é constante, digamos, $-if = c$, onde c é uma constante complexa. Assim, $f = \frac{c}{-i}$, onde $\frac{c}{-i} = \widetilde{c}$ é uma constante complexa. Concluímos, assim, que f é uma função constante.

j) Inicialmente, suponhamos que $f = u + iv$ seja uma função inteira e que $Re(f = u + iv) = u$ seja uma função não negativa em todo o plano, i.e, $u(x, y) \geq 0, \forall (x, y) \in \mathbb{R}^2$. Precisaremos novamente do Teorema de Liouville. A prova é substancialmente analógica ao que fizemos no item h) e, portanto, a faremos de maneira um pouco mais direta. Se f é inteira, então a função composta $\exp(-f)$ é inteira, pois composta de funções inteiras é, ainda, uma função inteira. Mas, $|e^{-f}| = e^{Re(-f)} = e^{-Re(f)} = e^{-u} = \frac{1}{e^u}$. Assim, como por hipótese, $u \geq 0$ em todo o plano, então segue que $u \geq 0 \Rightarrow -u \leq 0 \Rightarrow e^{-u} \leq e^0 = 1$ em todo o plano. Logo, $\exp(-f)$ é uma função inteira e limitada e, assim, constante segundo o Teorema de Liouville. No item h) vimos que se $\exp(f)$ é constante, então f é constante. Procedendo do mesmo modo para a função $\exp(-f)$, chegamos a conclusão de que f é constante. Para o caso em que a parte real é não positiva, i.e, $u \leq 0$ em todo o plano, utilizamos a função $\exp(f)$ no lugar da função $\exp(-f)$. Deixamos os detalhes para que os leitores o completem.

k) Este item, por ser substancialmente analógico ao que foi feito nos dois itens anteriores, h) e i), será feito de modo mais rápido, sendo deixados os detalhes a cargo dos leitores. Se a parte imaginária da função inteira $f = u + iv$, $Im(f) = v$ for não negativa em todo o plano, então consideramos a função auxiliar para a prova como sendo $\exp(if)$. Caso a parte imaginária seja não positiva em todo o plano, então consideramos a função auxiliar como sendo $\exp(-if)$.

□

Observação 5.2. *Deixamos aqui registrado uma observação que envolve os itens j) e k) do resultado acima. Uma função real de duas variáveis reais não constante $u : A \to \mathbb{R}$ definida e de classe, pelo menos, C^2 no aberto conexo $A \subseteq \mathbb{R}^2$ que é harmônica em A deve, necessariamente, trocar de sinal em A. Logo, uma função harmônica que é não* *positiva ou não negativa só pode ser constante e, portanto, a função inteira que a tem como parte real ou imaginária só pode ser limitada em todo o plano via Teorema de Liouville. Uma explicação para essa propriedade das funções harmônicas é que a forma quadrática associada a uma função harmônica é necessariamente uma forma indefinida. Vejamos isso. A forma quadrática de u em um ponto $(x_0, y_0) \in A$ é dada por*

$$p(x,y) := u_{xx}(x_0,y_0)(x-x_0)^2 + 2u_{xy}(x_0,y_0)(x-x_0)(y-y_0)) + u_{yy}(x_0,y_0)(y-y_0)^2.$$

Como u é harmônica, vale que $u_{xx} + u_{yy} \equiv 0$ em A, i.e, $u_{xx} = -u_{yy}$ em A. Logo, a forma quadrática de u no ponto $(x_0, y_0) \in A$ se escreve como

$$p(x,y) = u_{xx}(x_0,y_0)(x-x_0)^2 - u_{xx}(y-y_0)^2 + 2u_{xy}(x-x_0)(y-y_0) =$$
$$u_{xx}(x_0,y_0)((x-x_0)^2 - (y-y_0)^2) + 2u_{xy}(x-x_0)(y-y_0)).$$

Sem perda de generalidade (SPG) alguma, sejam $x_0 = y_0 = 0, u_{xx}(0,0) = k_1$ e $2u_{xy}(0,0) = k_2$ e, portanto, a forma quadrática se escreve como sendo $k_1(x^2 - y^2) + k_2 xy$. Afim de mostrar que essa última expressão é indefinida, não se tem perda de generalidade alguma em supor que $k_1 = k_2 = 1$, obtendo, assim, a forma quadrática $x^2 + xy - y^2$. Vamos utilizar a técnica do completamento do quadrado. Temos que, $\left(x + \frac{1}{2}y\right)^2 = x^2 + xy + \frac{1}{4}y^2 \Rightarrow \left(x + \frac{1}{2}y\right)^2 - \frac{1}{4}y^2 = x^2 + xy, \forall x, y \in \mathbb{R}$. Desse modo, segue que $(x^2 + xy) - y^2 = \left(x + \frac{1}{2}y\right)^2 - \frac{1}{4}y^2 - y^2 = \left(x + \frac{1}{2}y\right)^2 - \frac{5}{4}y^2 = \left(x + \frac{1}{2}y\right)^2 - \left(\frac{\sqrt{5}}{2}y\right)^2 = s_1^2 - s_2^2$, onde $s_1 = \left(x + \frac{1}{2}y\right)^2$ e $s_2 = \left(\frac{\sqrt{5}}{2}y^2\right)$. A forma $s_1^2 - s_2^2$ é indefinida, pois vale 0 se $|s_1| = |s_2|$, é positiva, se $|s_1| \geq |s_2|$ e é negativa, se $|s_1| \leq |s_2|$.

Exercício: Sejam $u, v : A \to \mathbb{R}$ duas funções harmônicas conjugadas no subconjunto aberto conexo $A \subseteq \mathbb{R}^2$, i.e, $\exists f = u + iv : A \to \mathbb{C}, f \in Hol(A)$. Se uma combinação linear arbitrária entre as funções (também harmônicas, como já vimos antes no texto) uv e $u^2 - v^2$, a saber, $k_1uv + k_2(u^2 - v^2) =$ constante, onde k_1, k_2 são constantes reais, então é verdade que a função $f = u + iv$ é constante? Se a resposta for afirmativa, forneça uma demonstração. Se a resposta for negativa, exiba um contraexemplo. Mesma pergunta sob as mesmas hipóteses se $uv, u^2 - v^2, kuv, k(u^2 - v^2), k_1uv + k_2(u^2 - v^2), |f|$ e $\arg(f)$ forem funções limitadas. Ainda, mesma pergunta sob as mesmas hipóteses se $uv, u^2 - v^2, kuv, k(u^2 - v^2), k_1uv + k_2(u^2 - v^2)$, e $\arg(f)$ forem funções não negativas ou não positivas.

Exercício: Mostre que as funções $u^2 - v^2$ *e* uv *são harmônicas conjugadas se as funções* u *e* v *o forem. Sugestão: Faça uma análise das funções* $f := u + iv$ *e* f^2.

Exemplo 5.1. *A função complexa de uma única variável complexa dada por* $f(z = x + iy) := tg(x^2 + y^2) + i\, tg(x^2 + y^2)$ *não é holomorfa. De fato, o item e) do resultado anterior nos garante que se uma função holomorfa possuir partes real e imaginária iguais em um aberto conexo do plano, então ela deve, necessariamente, ser constante. Podemos notar que para a função* f *desse exemplo, segue que suas partes real e imaginária são iguais, e se ela fosse holomorfa, então ela seria constante, o que não é o caso.*

Exercício: Mostre que a função complexa de uma única variável complexa dada por $f(z = x + iy) := 2\exp(2x^2 + 7xy + 65y^2) + 7i\exp(2x^2 + 7xy + 65y^2)$ *não é holomorfa. Sugestão: Use o item e) do último resultado apresentado.*

Teorema 5.3. *(Relações entre cálculo vetorial e variáveis complexas).*

a) Se $f = f(z)$ *é uma função holomorfa, então vale que,*

$$\Delta_{|f|^2}(x,y) = \left(\frac{\partial^2}{\partial x^2} + \frac{\partial^2}{\partial y^2}\right)|f(z)|^2 = 4|f'(z)|^2, \forall z \in Dom f.$$

Em particular, se f *estiver definida em um subconjunto aberto conexo do plano complexo e se a função* $(x,y) \mapsto |f(z)|^2$ *for harmônica nesse subconjunto, então ela é uma função constante.*

b) Se $f = f(z)$ *é uma função holomorfa,* $f'(z) \neq 0, \forall z \in Dom f$, *então*

$$\Delta_{\log(|f'|)}(x,y) = \left(\frac{\partial^2}{\partial x^2} + \frac{\partial^2}{\partial y^2}\right)\log(|f'(z)|) = 0, \forall z \in Dom f;$$

em outras palavras (ou melhor, em outros símbolos), conhecida uma função holomorfa com derivada não nula (ou seja, uma aplicação conforme da variável z*), então a partir dela, conseguimos construir uma função harmônica das variáveis reais independentes* x, y, *a saber,* $\log(|f'(z)|) = \log(|u_x(x,y) + iv_x(x,y)|), \forall (x,y) \in Dom f$. *A demonstração desse fato fica a cargo dos leitores, porém vamos dar uma aplicação explícita de uso desse resultado.*

c) (A cargo dos leitores). Mixando as informações contidas nos itens a) e b), vale que se $|f'(z)|$ *é o produto de uma função somente de* x *e uma função somente de* y, *i.e,*

$|f'(z)| = h_1(x).h_2(y)$, para algumas funções reais de uma única variável real $h_1, h_2 : I \to \mathbb{R}$, onde I é um intervalo aberto da reta real, então a função derivada de f, f' se escreve como $f'(z) = \exp(az^2+bz+c)$ onde $a \in \mathbb{R}$ é uma constante real e $b, c \in \mathbb{C}$ são constantes complexas.

Demonstração. a) Sendo $f = u + iv$ holomorfa, sua derivada é dada por $f' = u_x + iv_x$ e, portanto, $4|f'(z)|^2 = 4((u_x)^2 + (v_x)^2), \forall z = x + iy \in Domf$. Mostremos, agora, que $\left(\frac{\partial^2}{\partial x^2} + \frac{\partial^2}{\partial y^2}\right)|f'(z)|^2 = 4((u_x)^2 + (v_x)^2), \forall z = x + iy \in Domf$. Temos que, $|f(z)|^2 = u^2(x, y) + v^2(x, y), \forall z = x+iy \in Domf \Rightarrow (u^2+v^2)_x = 2uu_x+2vv_x, (u^2+v^2)_y = 2uu_y+2vv_y \Rightarrow (u^2+v^2)_{xx} = (2uu_x+2vv_x)_x = 2u_xu_x+2uu_{xx}+2v_xv_x+2vv_{xx} = 2(u_x)^2+2(v_x)^2+2uu_{xx}+2vv_{xx}$ e, por "simetria" $(u^2 + v^2)_{yy} = 2(u_y)^2 + 2(v_y)^2 + 2uu_{yy} + 2vv_{yy}$. Como f é holomorfa, então valem as equações de Cauchy-Riemann, $u_x = v_y$ e $u_y = -v_x$ em todos os pontos $(x, y) \in Domf$ e, dessa forma, segue que $(u^2 + v^2)_{yy} = 2.(-v_x)^2 + 2(u_x)^2 + 2u.(-v_{xy}) + 2v(u_{xy}) = 2(v_x)^2 + 2(u_x)^2 - 2uv_{xy} + 2vu_{xy}$. Por sua vez, $(u^2 + v^2)_{xx} = 2(u_x)^2 + 2(v_x)^2 + 2u(v_{yx}) + 2v.(-u_{yx}) = 2(u_x)^2 + 2(v_x)^2 + 2uv_{yx} - 2vu_{yx}$. Logo, $\left(\frac{\partial^2}{\partial x^2} + \frac{\partial^2}{\partial y^2}\right)(u^2+v^2) = 4(u_x)^2+4(v_x)^2-2uv_{xy}+2uv_{yx}+2vu_{xy}-2vu_{yx} = 4((u_x)^2+(v_x)^2) + 2u(v_{yx} - v_{xy}) + 2v(u_{xy} - u_{yx})$. Mas, como f é holomorfa, então suas partes real e imaginária, são funções analíticas reais de duas variáveis reais e, assim, muito em particular, elas são de classe C^2 e, desse modo, vale o Teorema de Clairaut-Scharwz, que diz que as derivadas parciais mistas de segunda ordem se confundem, a saber, $v_{yx} = v_{xy}$ e $u_{xy} = u_{yx}$ em todos os pontos $(x, y) \in Domf$. Logo, vale que $\left(\frac{\partial^2}{\partial x^2} + \frac{\partial^2}{\partial y^2}\right)|f'(z)|^2 = \left(\frac{\partial^2}{\partial x^2} + \frac{\partial^2}{\partial y^2}\right)(u^2+v^2) = 4((u_x)^2 + (v_x)^2 + 2u.0 + 2v.0 = 4|u_x + iv_x|^2 + 0 + 0 = 4|f'(z)|^2, \forall z = x + iy \in Domf$.

b) Como uma aplicação do item b), vejamos alguns casos explícitos. Inicialmente, consideremos a função $f : \mathbb{C} \to \mathbb{C}, f(z) := e^z$. Segue que, $f(z) \neq 0, \forall z \in \mathbb{C}$ e $f'(z) = f(z) = e^z, \forall z \in \mathbb{C} \Rightarrow |f'(z)| = |e^z| = e^x, \forall z = x + iy \in \mathbb{C} \Rightarrow \log(|f'(z)|) = \log(e^x) = x, \forall z = x + iy \in \mathbb{C} \Rightarrow \left(\frac{\partial^2}{\partial x^2} + \frac{\partial^2}{\partial y^2}\right)\log(|f'(z)|) = \left(\frac{\partial^2}{\partial x^2} + \frac{\partial^2}{\partial y^2}\right)(x) = 0, \forall (x, y) \in \mathbb{R}^2$. Isso significa o seguinte: a partir da função inteira não nula $f = f(z) := e^z$, construimos a função harmônica $u = u(x, y) = x$. Esse exemplo inicial é bem simples. Façamos um outro exemplo um pouco mais interessante. Seja a função $g : \mathbb{C}/\{0\} \to \mathbb{C}, g(z) := e^{z^2} = \exp((x^2 - y^2) + i(2xy))$. Segue que, $g'(z) = 2ze^{z^2}, \forall z \in \mathbb{C} \Rightarrow |g'(z)| = |2ze^{z^2}| = 2|z||e^{z^2}| = 2\sqrt{x^2 + y^2}e^{x^2-y^2} \neq 0, \forall (x, y) \in \mathbb{R}^2/\{(0, 0)\} \Rightarrow \log(|f'(z)|) = \log(2\sqrt{x^2 + y^2}e^{x^2-y^2}) = \log(2\sqrt{x^2 + y^2}) + \log(e^{x^2-y^2}) = \log(2\sqrt{x^2 + y^2}) + x^2 - y^2$ e, pelo o que diz o enunciado deste item b), segue que a função real de duas variáveis reais $F : \mathbb{R}^2/\{(0, 0)\} \to \mathbb{R}$ dada por

$F(x,y) := \log(2\sqrt{x^2+y^2}) + x^2 - y^2$ é harmônica. Vamos checar esse fato "manualmente". De fato, já sabemos que a função $(x,y) \mapsto x^2 - y^2$ é harmônica, pois é a parte real da função inteira $z \mapsto z^2$ e, contando com o fato de que o Laplaciano é um operador linear, nos resta mostrar que a função $(x,y) \mapsto \log(2\sqrt{x^2+y^2})$ é harmônica em $\mathbb{R}^2/\{(0,0)\}$, i.e, que seu Laplaciano é nulo em todo o plano perfurado $\mathbb{R}^2/\{(0,0)\}$. Temos que, $(\log(2\sqrt{x^2+y^2}))_x = \dfrac{1}{\not{2}\sqrt{x^2+y^2}}.\ \not{2}.\dfrac{\not{2}x}{\not{2}\sqrt{x^2+y^2}} = \dfrac{x}{x^2+y^2}$ e, por "simetria", vale que $(\log(2\sqrt{x^2+y^2}))_y = \dfrac{y}{x^2+y^2} \Rightarrow (\log(2\sqrt{x^2+y^2}))_{xx} = \left(\dfrac{x}{x^2+y^2}\right)_x = \dfrac{x^2-y^2}{(x^2+y^2)^2}$ e, novamente, por "simetria", vale que, $(\log(2\sqrt{x^2+y^2}))_y = \dfrac{y}{x^2+y^2} \Rightarrow (\log(2\sqrt{x^2+y^2}))_{yy} = \left(\dfrac{y}{x^2+y^2}\right)_y = \dfrac{y^2-x^2}{(x^2+y^2)^2} \Rightarrow (\log(2\sqrt{x^2+y^2}))_{xx} + (\log(2\sqrt{x^2+y^2}))_{yy} = \dfrac{x^2-y^2}{(x^2+y^2)^2} + \dfrac{y^2-x^2}{(x^2+y^2)^2} = \dfrac{x^2-y^2+y^2-x^2}{(x^2+y^2)^2} = 0, \forall (x,y) \in \mathbb{R}^2/\{(0,0)\}$. Isso, por sua vez, significa que

$$\left(\frac{\partial^2}{\partial x^2} + \frac{\partial^2}{\partial y^2}\right)(\log(2\sqrt{x^2+y^2}) + x^2 - y^2) = 0 \text{ em todo o plano perfurado } \mathbb{R}^2/\{(0,0)\}.$$

Logo, a função $F = F(x,y) := \log(2\sqrt{x^2+y^2}) + x^2 - y^2$ é harmônica em $\mathbb{R}^2/\{(0,0)\}$. Com isso, tem-se que: a partir da função inteira não nula $f = f(z) := e^{z^2}$, cuja derivada $f' = f'(z) = 2ze^{z^2}$ só se anula na origem, $z = 0$, conseguimos construir a função harmônica $(0,0) \neq (x,y) \mapsto \log(2\sqrt{x^2+y^2}) + x^2 - y^2$ (com ênfase na função harmônica $(0,0) \neq (x,y) \mapsto \log(2\sqrt{x^2+y^2})$). Mais geralmente, usando o resultado do item b), podemos construir funções harmônicas a partir de uma classe "fechada" de funções holomorfas da seguinte forma: seja $f = u + iv : A \to \mathbb{C}$ uma função holomorfa no aberto conexo $A \subseteq \mathbb{C}$. Definimos, $G = G(z) := e^{f(z)} \neq 0, \forall z \in A$, onde podemos escrever que $G(z) = e^{u+iv}$. A derivada da função G se escreve como sendo $G' = G'(z) = f'(z)e^{f(z)}$. Essa derivada se anula, precisamente, nos pontos os quais $f'(z) = 0$, já que, $e^{f(z)} \neq 0, \forall z \in A$. Seja $B := \{z \in A; f'(z) = 0\}$. Segue que $B \subsetneq A$, i.e, B é um subconjunto próprio de A, já que, como f é holomorfa, então f' também o é, e sabemos da teoria das variáveis complexas que os zeros de uma função holomorfa são isolados no plano. Segue que, $G'(z) = f'(z)e^{f(z)} \neq 0, \forall z \in A/B$. Ainda, temos que, $|G'(z)| = |f'(z)|e^{u(x,y)} \neq 0, \forall z \in A/B$ e, portanto, pelo que diz o resultado do item b), segue que $\log(|G'(z)|)$ é uma função harmônica em todo o subconjunto do plano $A/B \subseteq \mathbb{C}$. Mas, $\log(|G'(z)|) = \log(|f'(z)|e^{u(x,y)}) = \log(|f'(z)| + \log(e^{u(x,y)})) = \dfrac{1}{2}\log(u_x^2 + u_y^2) + u(x,y)$. Logo, a função $\dfrac{1}{2}\log(u_x^2 + u_y^2) + u(x,y)$, onde $f = u + iv$ é qualquer função holomorfa em A, é uma função harmônica em A/B que foi construída a partir da função holomorfa não nula e^f, cuja derivada $f'e^f$ se anula somente em B. Temos, portanto, um método para "fabricar" alguns tipos de funções harmônicas em subconjuntos conexos do plano cartesiano.

c) A cargo dos leitores. Logo mais adiante, teremos exercícios resolvidos e propostos referentes à recíproca desse item.

□

Exercício: Que função harmônica o item b) do Teorema acima produz quando tomamos $f = f(z) := e^{e^z} \neq 0, \forall z \in \mathbb{C}$*? Os leitores podem notar que* $f' = f'(z) = e^z f(z) = e^z e^{e^z} \neq 0, \forall z \in \mathbb{C}$.

Exercício resolvido: Como um caso "particular-recíproco" do item c) do resultado acima, mostremos que dada a função complexa de uma única variável complexa $f : \mathbb{C} \to \mathbb{C}$ *onde* $f(z) := e^{z^2}$*, então, a função módulo de* f*,* $|f|$ *se "decompõe" como produto de uma função que só depende da variável* x *por uma função que só depende da variável* y*. De fato, sendo* $z^2 = (x + iy)^2 = (x^2 - y^2) + i(2xy)$ *e* $|e^w| = e^{Re(w)}, \forall w \in \mathbb{C}$*, então segue que* $|e^{z^2}| = e^{x^2 - y^2} = e^{x^2}.e^{-y^2} = h_1(x).h_2(y)$*, onde* $h_1(x) = e^{x^2}$ *e* $h_2(y) = e^{-y^2}$.

Exercício: Mostre que a função módulo da função complexa de uma única variável complexa $f : \mathbb{C} \to \mathbb{C}$ *dada por* $f(z) := \exp(7z^2 + iz)$ *se "decompõe" como produto de uma função que só depende da variável* x *por uma função que só depende da variável* y *e exiba explicitamente essas funções.*

Exercício: De modo mais geral, prove a recíproca do item c) do último resultado, i.e, se $a \in \mathbb{R}$ *é uma constante real e* $b, c \in \mathbb{C}$ *são constantes complexas, então a função módulo da função complexa de uma única variável complexa* $f : \mathbb{C} \to \mathbb{C}$ *dada por* $f(z) := \exp(az^2 + bz + c)$ *se "decompõe" como produto de uma função que só depende da variável* x *por uma função que só depende da variável* y *e exiba explicitamente essas funções.*

CAPÍTULO 6

Técnicas de Reconstrução para Funções Holomorfas

A ideia deste capítulo é a seguinte: reconstruir a função holomorfa $f = u+iv$ conhecendo-se:

1) Uma combinação linear arbitrária entre suas partes real e imaginária, a saber, k_1u+k_2v, onde $k_1, k_2 \in \mathbb{R}$ são constantes reais quaisquer.

2) O produto kuv, onde $k \in \mathbb{R}$ é uma constante real qualquer ou mesmo $k(u^2 - v^2)$.

Inicialmente, vamos mostrar como recuperar a função holomorfa $f = u+iv$ conhecendo-se sua parte real ou sua parte imaginária, pois os dois casos descritos acima recaem nesses. Para isso, dada uma função real de duas variáveis reais que é harmônica, i.e, satisfaz a equação de Laplace, $u_{xx} + u_{yy} \equiv 0$, como encontrar uma função holomorfa que tenha essa função harmônica como parte real ou parte imaginária? Vamos responder a essa pergunta com um exemplo prático. Consideremos a função harmônica $u = u(x,y) := xy$ e encontremos uma função holomorfa que a tenha como parte real. Pela primeira equação de Cauchy-Riemann temos que $u_x(x,y) = y = v_y(x,y) \Rightarrow \int v_y(x,y)dy = \int ydy = \frac{y^2}{2} + g(x) = v(x,y)$ para alguma função $g : \mathbb{R} \to \mathbb{R}$. Já pela segunda equação de Cauchy-Riemann $u_y(x,y) = x = -v_x(x,y) \Rightarrow \int -v_x(x,y)dx = \int xdx = \frac{x^2}{2} + s(y) = -v(x,y)$, para alguma função $s : \mathbb{R} \to \mathbb{R}$. Comparando as duas soluções obtidas, $-\frac{x^2}{2} - s(y) = \frac{y^2}{2} + g(x), \forall x, y \in \mathbb{R} \Rightarrow g(x) = -\frac{x^2}{2}, \forall x \in \mathbb{R}, s(y) := -\frac{y^2}{2}, \forall y \in \mathbb{R} \Rightarrow v = v(x,y) = -\frac{x^2}{2} - s(y) = -\frac{x^2}{2} - (\frac{y^2}{2}) = -\frac{x^2}{2} + \frac{y^2}{2}, \forall (x,y) \in \mathbb{R}^2$. Logo, a função holomorfa procurada é dada por $f(z) = u(x,y) + iv(x,y) = (xy) + i\left(-\frac{x^2}{2} + \frac{y^2}{2}\right)$. Mas, agora, como escrever a função f de maneira explícita da variável complexa z? Façamos o seguinte: escrevemos $x = \frac{z+\bar{z}}{2}, y = \frac{z-\bar{z}}{2i}$ e substituímos na expressão de f para obter: $f(z) = u(x,y) + iv(x,y) = \frac{(z+\bar{z})}{2}\frac{(z-\bar{z})}{2i} +$

$\frac{i}{2}\left(\frac{-[z^2+2z\bar{z}+\bar{z}^2]}{4}-\frac{[z^2-2z\bar{z}+\bar{z}^2]}{4}\right)=\frac{z^2-\bar{z}^2}{4i}+\frac{i}{2}\left(\frac{-2z^2-2\bar{z}^2}{4}\right)=\frac{-i(z^2-\bar{z}^2)}{4}+i\frac{(-z^2-\bar{z}^2)}{4}=$ $\frac{-2iz^2}{4}=\frac{-iz^2}{2}$. *Logo, a função procurada é* $f:\mathbb{C}\to\mathbb{C}$ *dada por* $f(z):=\frac{-iz^2}{2}$. *De fato, sendo* $z=x+iy\Rightarrow z^2=(x^2-y^2)+i(2xy)\Rightarrow\frac{-iz^2}{2}=\frac{-i}{2}([x^2-y^2]+i[2xy])=(xy)+i\left(\frac{-x^2}{2}+\frac{y^2}{2}\right)$. *O caso para quando* $v(x,y):=xy$ *é a parte imaginária da função holomorfa é substancialmente analógico e fica como exercício para que os leitores o completem. Nesse caso, a função holomorfa encontrada será dada por* $f=f(z):=\frac{z^2}{2},\forall z\in\mathbb{C}$.

Feito isso, vamos agora considerar o seguinte problema: Reconstruir explicitamente a função holomorfa $f=u+iv$ *conhecendo-se* $u+v$ *(o caso* $u-v$ *é substancialmente analógico e fica como exercício para que os leitores o façam). Temos que, se* $f=u+iv\Rightarrow -if=-i(u+iv)=v-iu\Rightarrow f-if=(1-i)f=(u+iv)+(v-iy)=(u+v)+i(v-u)$. *Assim, definimos:* $g:=(1-i)f, u+iv:=U, v-u:=V\Rightarrow g=U+iV$ *é holomorfa. Conhecemos explicitamente a parte real de* g*, a saber,* U *e, portanto, seguindo o procedimento estabelecido anteriormente, por intermédio das equações de Cauchy-Riemann, recuperamos a parte imaginária de* g*, a saber,* V*. Logo, recuperamos a função holomorfa* $g=U+iV$ *e, assim, resolvendo-se o sistema (linear não homogêneo em* u *e* v*) dado por*

$$\begin{cases}u+v=U\\ u-v=V\end{cases}$$

cuja solução é dada por $u=\frac{U+V}{2}$ *e* $v=\frac{U-V}{2}$*, recuperamos a* $f=u+iv$*. Essa solução, por sua vez, vem "desmembrada" em função das variáveis reais independentes* x,y *e, usando a técnica descrita acima, onde usamos que* $x=\frac{z+\bar{z}}{2}$ *e* $y=\frac{z-\bar{z}}{2i}$*, conseguimos escrever explicitamente* $f=f(z)$.

Exercício: Sabendo que $u+v=x(x+2)+y(4x-2+y)$*, onde* $f=u+iv\in Hol(\mathbb{C})$*, reconstrua explicitamente a função* $f=f(z)$*. Verifique sua resposta. (A função a ser encontrada, a menos de uma constante complexa aditiva, é dada por,* $f=f(z):=2z+z^2,\forall z=x+iy\in\mathbb{C}$*).*

Agora, mais geralmente, como reconstruir uma função holomorfa $f=u+iv$ *conhecendo-se uma combinação linear arbitrária* k_1u+k_2v *entre suas partes real e imaginária? Uma das maneiras consiste no seguinte: multiplicamos* $f=u+iv$ *pelo número complexo constante dado por* k_1-ik_2 *e, assim, obtemos que,* $(k_1-ik_2)(u+iv)=(k_1u+k_2v)+i(k_1v-k_2u)$*. Definimos,*

$g := (k_1 - ik_2)f = U + iV, U := k_1u + k_2v, V := k_1v - k_2u \Rightarrow g = U + iV$ é holomorfa. Logo, conhecemos a parte real da função holomorfa g, a saber, $U = k_1u + k_2v$ e, portanto, pela técnica apresentada anteriormente, via as equações de Cauchy-Riemann, recuperamos sua parte imaginária, a saber, $V = k_1v - k_2u$ e, portanto, recuperamos a função $g = U + iV$. Para recuperar as funções harmônicas conjugadas u e v, resolvemos o sistema linear (não homogêneo em u e v) dado por

$$\begin{cases} k_1u + k_2v = U \\ k_1v - k_2u = V \end{cases}$$

cuja solução é deixada como exercício para que os leitores a encontrem. Assim, recuperamos a função holomorfa $f = u + iv$ em sua versão "desmembrada" em x, y. Usando, $x = \dfrac{z + \bar{z}}{2}$ e $y = \dfrac{z - \bar{z}}{2i}$, recuperamos $f = f(z)$.

Exercício: Resolva explicitamente o sistema linear não homogêneo em u, v dado por

$$\begin{cases} k_1u + k_2v = U \\ k_1v - k_2u = V \end{cases}$$

e reescreva $f = u + iv$ em função de U e de V.

Exercício: Seja $f = u + iv, f \in Hol(\mathbb{C})$ tal que $5u + 3v = 5x^2 + 6xy - 5y^2 + 35$. Reconstrua explicitamente a função $f = f(z)$. (A resposta a ser obtida, a menos de uma constante complexa aditiva, é dada por $f = f(z) := z^2 + 7$). Sugestão aos leitores: Como sugerido pela técnica exposta acima, comecem multiplicando a função holomorfa $f = u + iv$ pelo número complexo $5 - 3i \in \mathbb{C}$.

Vamos, agora, recuperar a função holomorfa $f := u + iv$, conhecendo-se kuv, onde $k \in \mathbb{R}$ é uma constante real. Na verdade, faremos o caso onde $k = 1$, sendo o caso geral deixado como exercício para que os leitores o façam. Temos que, se $f = u + iv \Rightarrow f^2 = (u + iv)^2 = (u^2 - v^2) + i(2uv) \Rightarrow -if^2 = 2uv - i(u^2 - v^2) \Rightarrow \dfrac{-if^2}{2} = uv - i\left(\dfrac{u^2 - v^2}{2}\right)$. Definimos, $g := \dfrac{-if^2}{2}, U := uv, V := \dfrac{-1}{2}(u^2 - v^2) \Rightarrow g$ é holomorfa. Logo, conhecemos a parte real, U da função holomorfa g e, pela técnica desenvolvida anteriormente, recuperamos a sua parte imaginária, a saber $V = \dfrac{-1}{2}(u^2 - v^2)$. Assim, recupera-se u e v resolvendo-se o sistema linear não homogêneo em u, v dado por

$$\begin{cases} uv = U \\ \frac{-1}{2}(u^2 - v^2) = V \end{cases}$$

Vamos resolver explicitamente esse último sistema. Temos que

$$uv = U \Rightarrow v = \frac{U}{u} \Rightarrow \frac{-1}{2}\left(u^2 - \frac{U^2}{u^2}\right) = V \Rightarrow u^2 - \frac{U^2}{u^2} = V \Rightarrow u^2 - \frac{U^2}{u^2} = -2V \Rightarrow u^4 - U^2 = -2Vu^2 \Rightarrow u^4 + 2Vu^2 - U^2 = 0 \underbrace{\Rightarrow}_{u^2=s} s^2 + 2Vs - U^2 = 0 \Rightarrow s = \frac{-2V \pm \sqrt{4V^2 + 4U^2}}{2} \Rightarrow s = \frac{-2V \pm 2\sqrt{U^2 + V^2}}{2} \Rightarrow s = -V \pm \sqrt{U^2 + V^2} = -Im(g) \pm |g| \underbrace{\Rightarrow}_{u \in \mathbb{R}} s = -V + \sqrt{U^2 + V^2} = -Im(g) + |g| \underbrace{\Rightarrow}_{s=u^2 \geq 0} u = \pm\sqrt{-V + \sqrt{U^2 + V^2}} = \pm\sqrt{-Im(g) + |g|}, v = \frac{U}{\pm\sqrt{-V + \sqrt{U^2 + V^2}}} = \frac{Re(g)}{\pm\sqrt{-Im(g) + |g|}}.$$

De fato, como $u \in \mathbb{R}$ é real, por ser parte real da função holomorfa $f = u + iv$, então não se pode ter $s = -V - \sqrt{U^2 + V^2} = -Im(g) - |g|$, pois este último é negativo e, portanto, sendo $s^2 = u$, tem-se que u seria possivelmente complexo. Mostremos que, de fato, $-V - \sqrt{U^2 + V^2} \leq 0$. Temos que, sendo $V^2 \leq U^2 + V^2 \Rightarrow V \leq \sqrt{V^2} = |V| \leq \sqrt{U^2 + V^2} \Rightarrow -V - \sqrt{U^2 + V^2} = -Im(g) - |g| \leq 0$. Assim, obtemos explicitamente u, v e, portanto, recuperamos a função holomorfa $f = u + iv$ "desmembrada" em termos de x, y. Para escrever explicitamente $f = f(z)$, utilizamos os fatos de que $x = \frac{z + \bar{z}}{2}$ e $y = \frac{z - \bar{z}}{2}$.

O caso em que conhecemos $u^2 - v^2$ é substancialmente analógico, pois este é a parte real da função holomorfa $2ig = f^2 = (u^2 - v^2) + i(2uv)$, onde deixamos os detalhes para que os leitores os completem.

Exercício: Se $f = u + iv \in Hol(\mathbb{C})$ é tal que, se conhece explicitamente $uv = \frac{e^{2x}\,sen(2y)}{2}$, recupere a função $f = f(z)$. (A função procurada, a menos de uma constante aditiva complexa, é dada por $f = f(z) := e^z, \forall z \in \mathbb{C}$; os leitores podem notar que, tem-se $\frac{e^{2x}\,sen(2y)}{2} = \frac{e^x.e^x.\ \not{2}.\,sen(x).\cos(x)}{\not{2}} = (e^x\cos(y)).(e^x\,sen(y)) = Re(e^z).Im(e^z))$.

Vejamos, agora, o seguinte problema: suponhamos que se conheça $u - v + uv$ onde $f = u + iv$ é uma função holomorfa. É possível recuperar explicitamente $f = f(z)$? Vejamos: temos que, $(1 + i)f = (1 + i)(u + iv) = (u - v) + i(u + v)$ e $\frac{f^2}{2} = \frac{u^2 - v^2}{2} + i(uv) \Rightarrow \frac{-if^2}{2} =$

$uv - i\frac{(u^2 - v^2)}{2} \Rightarrow g := (1 + i)f - \frac{if^2}{2} = (u - v + uv) + i\left(u + v - \frac{1}{2}(u^2 - v^2)\right)$ *é holomorfa. Denotemos por* $g = U + iV$*. Dessa forma,* g *é uma função holomorfa onde conhecemos sua parte real e, portanto, pela técnica apresentada anteriormente, conseguimos, via as equações de Cauchy-Riemann, recuperar sua parte imaginária e, portanto, recuperamos a função* $g = U + iV$*. Para recuperar a função* $f = u + iv$*, devemos resolver o sistema linear não homogêneo em* u, v*, dado por*

$$\begin{cases} u - v + uv = U \\ u + v - \frac{1}{2}(u^2 - v^2) = V \end{cases}$$

Uma vez resolvido esse sistema, encontramos a função holomorfa $f = u + iv$ *em sua versão "desmembrada" em* x, y *e, desse modo, usando* $x = \frac{z + \bar{z}}{2}$ *e* $y = \frac{z - \bar{z}}{2i}$*, recuperamos explicitamente a função* $f = f(z)$*. O problema aqui é o seguinte: este último sistema apresentado pode ser resolvido explicitamente? Deixamos essa investigação para ser feita pelos leitores.*

Exercício: Verifique se é possível se resolver explicitamente o sistema linear não homogêneo em u, v *dado por*

$$\begin{cases} u - v + uv = U \\ u + v - \frac{1}{2}(u^2 - v^2) = V \end{cases}$$

Se for possível, escreva a função $f = u + iv$ *em função de* U *e de* V*.*

Para encerrar esse capítulo, deixamos mais um exercício para que os leitores o investiguem, a saber:

Exercício: Seja $f = u + iv$ *holomorfa. Se conhecemos explicitamente* $|f| = \sqrt{u^2 + v^2}$ *ou* $\arg(f) = \arctan(v/u)$*, então é possível recuperar explicitamente* $f = f(z)$*? Justifique sua resposta. Sugestão: podemos notar que conhecemos* $u^2 + v^2$ *ou* v/u *(já que conhecemos* $\sqrt{u^2 + v^2}$ *e* $\arctan(v/u)$*) sujeitos às condições de Cauchy-Riemann, a saber,* $u_x = v_y, u_y = -v_x$*.*

CAPÍTULO 7

Técnicas de Construção de Alguns Tipos de Funções Harmônicas

Vamos relembrar algumas maneiras, vistas ao longo do texto, de como se conseguir construir alguns tipos de funções harmônicas, conhecidas algumas informações. Temos que:

1) Se $u, v : A \subseteq \mathbb{R}^2 \to \mathbb{R}, A$ aberto conexo, são funções harmônicas (não necessariamente conjugadas), então uma combinação linear arbritrária entre elas, a saber, $h := \lambda_1 u + \lambda_2 v, \lambda_1, \lambda_2 =$ constantes reais é, ainda, uma função harmônica, pois o Laplaciano é um operador linear.

2) Se $f : A \subseteq \mathbb{C} \to \mathbb{C}, A$ aberto conexo, onde $f = u + iv \in Hol(A)$, então as funções $h_1 := uv$ e $h_2 := u^2 - v^2$ são harmônicas, e acordo com o Teorema do Produto Harmônico ou, ainda, $f = u + iv \in Hol(A) \Rightarrow f^2 = (u^2 - v^2) + i(2uv) \in Hol(A)$ e, portanto, $u^2 - v^2$ e $2uv$ são harmônicas (conjugadas), e como o Laplaciano é um operador linear, segue que uv é harmônica. Mais geralmente, se kh é harmônica, onde $k =$ constante real, então h é harmônica.

3) Se $f : A \subseteq \mathbb{C} \to \mathbb{C}, A$ aberto conexo, $f = u + iv \in Hol(A), f$ conforme em A, i.e, $f'(z) \neq 0, \forall z \in A$, então a função $\ln(|f'(z)|) = \dfrac{1}{2}\ln((u_x)^2 + (v_x)^2)$ é harmônica em A.

Como uma aplicação do que foi revisado acima, vamos construir uma função harmônica a partir da função inteira $f = f(z) := e^z + 2z$. Temos que, $f(z) = \underbrace{(e^x \cos(y) + 2x)}_{u(x,y)} + i\underbrace{(e^x sen(y) + 2y)}_{v(x,y)} \Rightarrow f'(z) = e^z + 2 = \underbrace{(e^x \cos(y) + 2)}_{u_x(x,y)} + i\underbrace{(e^x sen(y))}_{v_x(x,y)}$ e, portanto, $h := uv + \ln(|f'(z)|)$ é harmônica, no subconjunto de pontos z do plano complexo onde $e^z + 2 \neq 0$, o qual deixamos para que os leitores o descrevam sendo, para isso, necessário (e suficiente) resolver a equação complexa $e^z = -2$. Vamos descrever a função h em termos das variáveis x, y. Temos que, $h(x,y) = (e^x \cos(y) + 2x)(e^x sen(y) + 2y) + \ln(\sqrt{(e^x \cos(y) + 2)^2 + (e^x sen(y))^2}) =$

$(e^x)^2\, sen(y)\cos(y)+e^x\cos(y).2y+e^x\, sen(y).2x+4xy+\frac{1}{2}\ln((e^x)^2\cos^2(y)+(e^x)^2\, sen^2(y)+4e^x\cos(y)+4) = \frac{e^{2x}\, sen(2y)}{2}+2e^x(y\cos(y)+x\, sen(y))+4xy+\frac{1}{2}(e^{2x}+4e^x\cos(y)+4)$. *Resumindo: a função real de duas variáveis reais* $h:\mathbb{R}^2/B\to\mathbb{R}$ *dada por* $h(x,y) := \frac{e^{2x}\, sen(2y)}{2}+2e^x(y\cos(y)+x\, sen(y))+4xy+\frac{1}{2}(e^{2x}+4e^x\cos(y)+4)$ *é harmônica, onde* $B := \{z\in\mathbb{C}; e^z=-2\}\subsetneq\mathbb{C}$.

Exercício: Mostre que se uma soma $h+s$ *é harmônica, então não é verdade, em geral, que* h *e* s *são, ambas, harmônicas. Sugestão: baseado na função descrita acima, sejam* $h=h(x,y) := e^x(y\cos(y))$ *e* $s=s(x,y) := xe^x\, sen(y)$. *Mostre que* h *e* s *não são harmônicas, porém sua soma* $h+s$ *o é. Conclua que a função do exemplo dado acima, escrita sob a forma de* $h(x,y) := \frac{e^{2x}\, sen(2y)}{2}+2e^xy\cos(y)+2e^xx\, sen(y))+4xy+\frac{1}{2}(e^{2x}+4e^x\cos(y)+4)$, *apesar de ser harmônica, é a soma de funções as quais nem todas são funções harmônicas.*

Exercício resolvido: Prove ou dê um contraexemplo: Se $f:A\subseteq\mathbb{C}\to\mathbb{C}, A$ *aberto conexo,* $f=u+iv\in Hol(A)$, *então a função* $h=h(x,y) := |f'(z)| = \sqrt{(u_x)^2+(v_x)^2}$ *é harmônica em* A.

Resposta: *__Falso__*, *pois sendo* $A := \mathbb{C}$ *e* $f=f(z) := \frac{1}{3}z^3$, *então segue que*

$$f'(z)=z^2=(x+iy)^2\underbrace{(x^2-y^2)}_{u_x(x,y)}+i\underbrace{(2xy)}_{v_x(x,y)}\Rightarrow|f'(z)|=\sqrt{(u_x)^2+(v_x)^2}=\sqrt{(x^2-y^2)^2+(2xy)^2}=$$

$$\sqrt{x^4-2x^2y^2+y^4+4x^2y^2}=\sqrt{x^4+2x^2y^2+y^4}=\sqrt{(x^2+y^2)^2}=|x^2+y^2|\underbrace{=}_{x^2+y^2\geq 0,\forall x,y\in\mathbb{R}}x^2+y^2.$$

Seja, então, $h=h(x,y) := x^2+y^2$. *Essa função não é harmônica, pois* $h_x=2x, h_y=2y\Rightarrow h_{xx}=h_{yy}\equiv 2$ *em* $\mathbb{C}\Rightarrow h_{xx}+h_{yy}\equiv 4\neq 0$ *em* $\mathbb{C}$.

Como uma observação, pode ser que h *seja harmônica, de acordo com a* f *tomada. De fato, se* $f=f(z) := z\Rightarrow f'(z)=1=\underbrace{1}_{u_x}+i\underbrace{0}_{v_x}\Rightarrow h=h(x,y) := |f'(z)|=\sqrt{1^2+0^2}=1\Rightarrow h_{xx}+h_{yy}\equiv 0$ *em* $\mathbb{R}^2$.

Segue, agora, um interessante resultado concernente às funções harmônicas, a saber:

Teorema 7.1. *Seja* $h:A\subseteq\mathbb{R}^2\to\mathbb{R}, A$ *aberto conexo, harmônica. Então,* $e^h:A\to\mathbb{R}$ *é harmônica se, e só se,* h *é constante em* A.

Demonstração. Se h é harmônica em A, então $h_{xx}+h_{yy}\equiv 0$ em A. Seja $u := e^h$. Mostremos que $u_{xx}+u_{yy}\equiv 0$, em $A\Leftrightarrow h\equiv$ constante, em A. De fato, temos que,

$u_x = e^h h_x, u_y = e^h h_y \Rightarrow u_{xx} = e^h u_x.u_x + e^h h_{xx} = e^h(h_x)^2 + e^h h_{xx} = e^h((h_x)^2 + h_{xx}), u_{yy} = e^h((h_y)^2 + h_{yy})$. Logo, $u_{xx} + u_{yy} \equiv 0$, em $A \Leftrightarrow e^h((h_x)^2 + h_{xx}) + e^h((h_y)^2 + h_{yy}) \equiv 0$, em $A \Leftrightarrow e^h((h_x)^2+(h_y)^2)+(\underbrace{h_{xx} + h_{yy}}_{\equiv 0, h \text{harmônica}})) \equiv 0$, em $A \Leftrightarrow \underbrace{e^h}_{\neq 0, \forall h \in \mathbb{R}}((h_x)^2+(h_y)^2) \equiv 0$, em $A \Leftrightarrow (h_x)^2+(h_y)^2 \equiv 0$, em $A \underbrace{\Leftrightarrow}_{h_x, h_y \in \mathbb{R}} h_x = h_y \equiv 0$, em $A \Leftrightarrow h \equiv$ constante, em A. □

Exercício: a) Seja $h : A \subseteq \mathbb{R}^2 \to \mathbb{R}, A$ aberto conexo, harmônica. Mostre que, sen(h) é harmônica em A se, e só se, $h \equiv$ constante em A. Sugestão: Proceda como no resultado anterior.

b) Mais geralmente, se $h : A \subseteq \mathbb{R}^2 \to \mathbb{R}, A$ aberto conexo, é harmônica e $g := f \circ h$, para alguma função real de uma única variável real duas vezes derivável, f então é verdade que g é harmônica se, e só se, $h \equiv$ constante? Se sim, forneça uma prova. Se não, exiba um contraexemplo.

CAPÍTULO 8

Exemplo de Decomposição de Helmholtz

Inicialmente, vamos exibir uma importante classe "fechada" de campos vetoriais planares e espaciais que são solenoidais, i.e, que possuem divergente nulo. Seja $f : A \subseteq \mathbb{R}^2 \to \mathbb{R}, A$ *aberto conexo, um campo vetorial planar dado componentemente por* $f(x,y) := (f^1(y), f^2(x))$*, onde* $f^1, f^2 : I \subseteq \mathbb{R} \to \mathbb{R}, I$ *é o intervalo da reta obtido a partir de* A*, projetando-o sobre os eixos coordenados. Podemos notar que as funções coordenadas desse campo são funções reais de uma única variável real, onde a primeira função componente depende apenas da variável* y*, a saber,* $f^1 = f^1(y)$*, e a segunda função componente depende apenas da variável* x*, a saber,* $f^2 = f^2(x)$*. Como o divergente de um campo vetorial planar é dado por* $Div_f(x,y) := f_x^1(x,y) + f_y^2(x,y)$*, e sendo* $f_x^1(y) = f_y^2(x) = 0, \forall (x,y) \in A$*, então segue que,* $Div_f(x,y) = 0, \forall (x,y) \in A$*. Logo, exibimos uma classe fechada de campos vetoriais planares solenoidais, i.e, com divergência nula. Façamos a mesma análise para um campo vetorial espacial* $g : A \subseteq \mathbb{R}^3 \to \mathbb{R}^3, A$ *aberto conexo, dado componentemente por* $g(x,y,z) := (g^1(y,z), g^2(x,z), g^3(x,y))$*, onde* $g^1, g^2, g^3 : B \subseteq \mathbb{R}^2 \to \mathbb{R}$*, onde* B *é a projeção de* A *sobre* $\mathbb{R}^2$ *(podemos, por exemplo, pensar em* B *como sendo um disco aberto, o qual é um conjunto conexo). Podemos notar que as funções coordenadas desse campo são funções reais de duas variáveis reais, onde a primeira função componente depende apenas das variáveis* y, z*, a segunda função componente depende apenas das variáveis* x, z *e a terceira função componente depende apenas das variáveis* x, y*. Como o divergente de um campo vetorial espacial é dado por* $Div_g(x,y,z) := g_x^1(x,y,z) + g_y^2(x,y,z) + g_z^3(x,y,z)$*, e sendo* $g_x^1(y,z) = g_y^2(x,z) = g_z^3(x,y) = 0, \forall (x,y,z) \in A$*, então segue que* $Div_g(x,y,z) = 0, \forall (x,y,z) \in A$*. Logo, exibimos uma classe fechada de campos vetoriais espaciais solenoidais, i.e, com divergência nula. Vejamos dois exemplos: O campo vetorial planar* $f : \mathbb{R}^2 \to \mathbb{R}^2$ *dado componentemente por* $f(x,y) := (sen(ay^2 + by + c), \exp(\widetilde{a}x^2 + \widetilde{b}x + \widetilde{c}))$ *é solenoidal. Fica como exercício aos leitores para se calcular explicitamente seu rotacional. Ainda, o campo vetorial espacial* $g : \mathbb{R}^3 \to \mathbb{R}^3$ *dado componentemente por* $g(x,y,z) := (y + z, x^2 + z^2, x^3 + y^3)$ *é solenoidal. Fica como exercício aos leitores para se calcular explicitamente seu campo rotacional.*

Como uma importante observação, podemos notar que campos vetoriais planares e espaciais $f = f(x,y) := (f^1(y), f^2(x))$ *e* $g = g(x,y,z) := (g^1(y,z), g^2(x,z), g^3(x,y))$ *possuem um "certo grau" de generalidade. Tratam-se de uma importante classe de campos solenoidais.*

Vejamos, agora, um resultado que nos permite classificar os campos vetoriais planares $f = f(x,y) := (f^1(y), f^2(x))$ *que são irrotacionais.*

Teorema 8.1. *Seja* $f : A \subseteq \mathbb{R}^2 \to \mathbb{R}^2, A$ *aberto conexo, um campo vetorial planar dado componentemente por* $f(x,y) := (f^1(y), f^2(x))$*. Como visto anteriormente, trata-se de um campo vetorial planar solenoidal. Então,* f *é um campo irrotacional se, e só se, ele é um campo afim relativamente específico, dado por* $f(x,y) = (ky + d, kx + c)$*, onde* $k, c, d \in \mathbb{R}$ *são constantes reais.*

Demonstração. O rotacional do campo vetorial planar $f = f(x,y) := (f^1(y), f^2(x))$ (em termos de suas funções componentes) é dado por $Rot_f(x,y) = f^2_x(x) - f^1_y(y)$ e, portanto, $Rot_f(x,y) = 0, \forall(x,y) \in A \Leftrightarrow f^2_x(x) - f^1_y(y) = 0, \forall(x,y) \in A \Leftrightarrow f^2_x = f^1_y(y), \forall(x,y) \in A$. A última equação indica que devemos, necessariamente, ter que $f^2_x(x) = f^1_y(y) = k, \forall(x,y) \in A$, onde k é uma constante real, pois o membro direito dessa equação só depende de y e o membro esquerdo dessa mesma equação só depende de x. Sendo assim, só resta ambos os membros serem constantes e iguais a mesma constante. Logo, tem-se que, $f^2(x) = \int f^2_x(x)dx = \int kdx = kx + c$ e, de maneira substancialmente analógica, temo que $f^1(y) = ky + d$. Finalmente, o campo f se escreve como sendo $f(x,y) = (ky + d, kx + c)$. □

Observação 8.1. *(Sobre a classificação dos campos vetoriais planares que são simultaneamente irrotacionais e solenoidais). Consideremos o campo vetorial planar* $f : A \subseteq \mathbb{R}^2 \to \mathbb{R}^2, A$ *aberto conexo, dado componentemente por* $f(x,y) := (f^1(x,y), f^2(x,y))$*. A condição de ser solenoidal é dada por* $f^1_x + f^2_y \equiv 0$ *e a condição de ser irrotacional é dada por* $f^2_x - f^1_y \equiv 0$*, de modo que, para se caracterizar os campos vetoriais planares simultaneamente irrotacionais e solenoidais devemos resolver o seguinte sistema de equações diferenciais parciais dado por*

$$\begin{cases} f^1_x + f^2_y = 0 \\ f^2_x - f^1_y = 0 \end{cases}$$

O autor desse livro não sabe a resposta para esse problema (note que ele é "quase" o problema de se encontrar a forma explícita das funções holomorfas de uma única variável por intermédio das equações de Cauchy-Riemann), mas suspeita que, em um primeiro momento, deve-se tentar procurar soluções do mesmo para quando as funções componentes são desacopladas no sentido de soma ou de produto, i.e, são funções da forma $h_1(x) + h_2(y)$ *ou* $h_1(x).h_2(y)$*, para algumas funções reais de uma única variável real* h_1 *e* h_2 *definidas em um intervalo aberto* $I \subseteq \mathbb{R}$ *da reta real, assim como fizemos no Capítulo 4. De fato, ao fazermos isso, vamos encontrar as conjugadas das funções encontradas naquele capítulo.*

A partir de agora, vamos construir explicitamente uma classe fechada de campos vetoriais planares que podem ser mais facilmente decompostos em uma parte solenoidal e uma outra parte irrotacional. Como mencionamos no início do texto, esse problema se chama "Problema de Decomposição de Helmholtz" e mais detalhes podem ser encontrados na excelente obra [3], citada nas referências bibliográficas fornecidas ao final do texto. Já vimos anteriormente que um campo vetorial planar $f = f(x,y) := (f^1(y), f^2(x))$ *é solenoidal, i.e, tem divergente nulo em todos os pontos de seu domínio. Consideremos, agora, um campo vetorial planar* $g(x,y) := (g^1(x,y), g^2(x,y))$*. A condição para que esse campo seja irrotacional é dada por* $g^2_x(x,y) - g^1_y(x,y) = 0, \forall (x,y) \in Domg$*, ou seja,* $g^2_x(x,y) = g^1_y(x,y), \forall (x,y) \in Domg$*. Seja* $g^2_x(x,y) = g^1_y(x,y) := h(x,y)$*, para alguma função* h *real de duas variáveis reais. Sendo assim, temos que,* $g^2(x,y) = \int h(x,y)dx$ *e* $g^1(x,y) = \int h(x,y)dy$ *e, portanto, o campo vetorial planar* $F = F(x,y) := (f^1(y) + \int h(x,y)dy, f^2(x) + \int h(x,y)dx) = \underbrace{(f^1(y), f^2(x))}_{solenoidal} + \underbrace{\left(\int h(x,y)dy, \int h(x,y)\right) dx}_{irrotacional} = f(x,y) + g(x,y)$ *se escreve como soma do campo vetorial planar solenoidal* f *com o campo vetorial planar irrotacional* f*. Notamos que o campo* F *assim construído tem um "elevado grau" de generalidade. Para construir um exemplo em específico, sejam* $f^1(y) := sen(y^2), f^2(x) := \exp(x^2 + 7x)$ *e* $h(x,y) := 2xy \Rightarrow g^1(x,y) = \int 2xydy = xy^2$ *e* $g^2(x,y) = \int 2xydx = x^2y \Rightarrow g(x,y) = (xy^2, x^2y) = xy(y,x)$*. Temos, portanto, para o campo vetorial planar* $F = F(x,y) := (\,sen(y^2) + xy^2, \exp(x^2 + 7x) + x^2y)$ *a seguinte decomposição de Helmholtz, a saber,* $F = F(x,y) := (\,sen(y^2) + xy^2, \exp(x^2 + 7x) + x^2y) = \underbrace{(\,sen(y^2), \exp(x^2 + 7x))}_{solenoidal} + \underbrace{xy(y,x)}_{irrotacional}$.

Exercício: Construa seu próprio exemplo de Decomposição de Helmholtz.

Para encerrar esse capítulo, relembramos um importante resultado já provado no Capítulo 1, que nos dá um critério para se construir um campo vetorial planar simultaneamente irrotacional e solenoidal, a saber, os campos conjugados de campos holomorfos. Temos que, se $f = f(z) = u(x,y) + iv(x,y)$ *é uma função holomorfa e sendo* $f =$

$f(x,y) = (u(x,y), v(x,y))$ *seu campo planar associado, então vimos que o campo conjugado* $\overline{f} = \overline{f}(x,y) = (u(x,y), -v(x,y))$ *oriundo da função conjugada* $\overline{f} = \overline{f(z)} = u(x,y) - iv(x,y)$ *é simultaneamente irrotacional e solenoidal. Por exemplo, a função complexa de uma única variável complexa* $f = f(z) := z^2+z = (x^2-y^2+x)+i(2xy+y) = (x(x+1)-y^2)+i(y(2x+1))$ *é inteira e, portanto, o campo vetorial planar (não holomorfo) dado por* $\overline{f}(x,y) := (x(x+1)-y^2, -y(2x+1))$ *é simultaneamente irrotacional e solenoidal em todo o plano cartesiano real* $\mathbb{R}^2$.

Exercício: Mostre que o campo vetorial planar $F : \mathbb{R}^2 \rightarrow \mathbb{R}^2$ *dado componentemente por*

$$F = F(x,y) := (x(3x^2 - 9y^2 + 1) + 2(x^2 - y^2), y(3y^2 - 9x^2 - 4x - 1))$$

é simultaneamente irrotacional e solenoidal de dois modos distintos (porém equivalentes), a saber:

1) *Diretamente, usando as definições.*

2) *Provando que ele é o campo conjugado oriundo do campo associado à função inteira* $f = f(z) := 3z^3 + 2z^2 + z = z(3z^2 + 2z + 1)$.

CAPÍTULO 9

Deficiência Linear e de Conjugação para Campos Vetoriais Planares

DEFINIÇÃO 9.1. *Seja $f = f(x,y) := (f^1(x,y), f^2(x,y))$ um campo vetorial planar definido em um subconjunto aberto conexo do plano. Definimos:*

1) a deficiência homogênea de f como sendo $DH_f(x,y) := f(\lambda(x,y)) - \lambda f(x,y)$, onde λ é um escalar real e $f(\lambda(x,y)) = f(\lambda x, \lambda y)$.

2) a deficiência aditiva de f como sendo $DA_f((x_1,y_1),(x_2,y_2)) := f((x_1,y_1) + (x_2,y_2)) - (f(x_1,y_1) + f(x_1,y_2))$, onde $f((x_1,y_1) + (x_2,y_2)) = f(x_1 + x_2, y_1 + y_2)$.

3) a deficiência linear de f como sendo a "combinação" das informações resultantes da deficiência homogênea e da deficiência aditiva do campo vetorial planar.

OBSERVAÇÃO 9.1. *A deficiência linear de um campo vetorial planar "mede" o quão "longe" um campo vetorial está de ser linear, dito de outro modo, o quão "distante" está de ser da forma $T(x,y) := (ax + by, cx + dy)$, onde a, b, c, d são constantes reais quaisquer.*

OBSERVAÇÃO 9.2. *Em notação complexa, sendo $f = f(z)$ uma função complexa de uma única variável complexa, então:*

1) sua deficiência homogênea é dada por $DH_f(z) := f(\lambda z) - \lambda f(z)$, onde λ é um escalar possivelmente complexo.

2) sua deficiência aditiva é dada por $DA_f(z,w) := f(z + w) - (f(z) + f(w))$.

3) sua deficiência linear é dada como sendo a "combinação" das informações resultantes da sua deficiência homogênea e da sua deficiência aditiva.

Observação 9.3. *Uma informação útil e cuja demonstração pode ser encontrada no meu livro "Introdução ao Cálculo Numérico em Uma Única Variável Complexa via o Princípio da Conservação das Propriedades Funcionais" é que uma transformação* $T : \mathbb{C} \to \mathbb{C}$ *é:*

1) $\mathbb{R}$*-linear, se* $T(z) := az + b\overline{z}, a, b$ *constantes complexas, i.e, se* T *for uma combinação linear complexa entre a variável* z *e a variável conjugada* $\overline{z}$.

2) $\mathbb{C}$*-linear, se* $T(z) := kz, k$ *constante complexa.*

Um resultado que segue de maneira imediata a partir da definição é o seguinte:

Teorema 9.1. *Um campo vetorial planar* $f = f(x, y) := (f^1(x, y), f^2(x, y))$ *é linear se, e só se, suas deficiências homogênea e aditiva são identicamente nular, i.e, se, e só se,* $DH_f = DL_f \equiv 0$.

Exemplo 9.1. *Como um exemplo, calculemos a deficiência linear da função complexa de uma única variável complexa* $f : \mathbb{C} \to \mathbb{C}$ *dada por* $e^z - z$. *Temos que:*

1) $DH_f(z) := f(\lambda z) - \lambda f(z) = e^{\lambda z} - \lambda z - \lambda(e^z - z) = e^{\lambda z} - \lambda z + \lambda e^z + \lambda z = e^{\lambda z} + \lambda e^z$.

2) $DA_f(z, w) := f(z + w) - (f(z) + f(w)) = f(z + w) - f(z) - f(w) = e^{z+w} - (z + w) - (e^z - z) - (e^w - w) = e^{z+w} - z - w - e^z + z - e^w + w = e^{z+w} - (e^z + e^w) = e^{z+w} - e^z - e^w$.

3) Podemos notar que a deficiência linear de f *está "concentrada" em "*e^z*".*

Podemos generalizar o exemplo acima por intermédio do seguinte resultado:

Teorema 9.2. *Seja* $f = f(z) := g(z) + T(z)$, *onde* $g = g(z)$ *é uma função complexa de uma única variável complexa e* $T = T(z)$ *uma função linear (podendo ser* $\mathbb{R}$*-linear ou* $\mathbb{C}$*-linear conforme o caso). Então:*

1) $DH_f \equiv DH_g$.

2) $DA_f \equiv DH_g$.

3) A deficiência linear de f é exatamente a deficiência linear de g.

Demonstração. Temos que:

1) $DH_f(z) := f(\lambda z) - \lambda f(z) = g(\lambda z) + T(\lambda z) - \lambda(g(z) + T(z)) = \underbrace{(g(\lambda z) - \lambda g(z))}_{DH_g(z)} + \underbrace{(T(\lambda z) - \lambda T(z))}_{=0,\text{T linear}} =$
$DH_g(z) + 0 = DH_g(z)$.

2) $DA_f(z, w) := f(z+w) - (f(z) + f(w)) = g(z+w) + T(z+w) - (g(z) + T(z) + g(w) + T(w)) =$
$\underbrace{g(z+w) - (g(z) + g(w))}_{DA_g(z,w)} + \underbrace{(T(z+w) - (Tz - Tw))}_{=0,\text{T linear}} = DA_g(z, w) + 0 = DA_g(z, w)$.

3) De 1) e 2) concluímos que deficiência linear de f é exatamente a deficiência linear de g.

□

Exercício parcialmente resolvido: Consideremos o campo vetorial planar dado por $f = f(x, y) := (e^{x+y}, e^{x-y})$. *Vamos calcular explicitamente sua deficiência aditiva,* $DA_f(x_1, y_1, x_2, y_2)$ *e deixamos como exercício para que os leitores o resolvam, calcular sua deficiência homogênea,* $DH_f(x, y)$. *Temos que,* $DA_f((x_1, y_1), (x_2, y_2)) := f((x_1, y_1) + (x_2, y_2)) - (f(x_1, y_1) + f(x_1, y_2)) = f(x_1 + x_2, y_1 + y_2) - f(x_1, y_1) - f(x_2, y_2) = (\exp(x_1 + x_2 + y_1 + y_2), \exp(x_1 + x_2 - y_1 - y_2)) - (\exp(x_1 + y_1), \exp(x_1 - y_1)) - (\exp(x_2 + y_2), \exp(x_2 - y_2)) = (\exp(x_1 + x_2 + y_1 + y_2) - \exp(x_1 + y_1) - \exp(x_2 + y_2), \exp(x_1 + x_2 - y_1 - y_2) - \exp(x_1 - y_1) - \exp(x_2 - y_2))$.

Exercício: Já vimos que $T : \mathbb{R}^2 \to \mathbb{R}^2$ *é linear* $\Leftrightarrow DH_T = DA_T \equiv 0$. *Agora, pergunta-se:*

a) se $DH_T \equiv 0 \Rightarrow T$ *é linear? Se sim, forneça uma prova. Se não, dê um contraexemplo. Sugestão: Faça uma análise de dois casos, a saber, quando T é contínuo e quando T não o é.*

b) se $DA_T \equiv 0 \Rightarrow T$ *é linear? Se sim, forneça uma prova. Se não, dê um contraexemplo. Sugestão: Faça uma análise de dois casos, a saber, quando T é contínuo e quando T não o é.*

Definição 9.2. *Seja $f = f(z) = f(z, \overline{z})$ uma função complexa de uma única variável complexa definida em um subconjunto aberto conexo do plano complexo. A deficiência conjugativa de f é definida como sendo $DC_f(z) := \overline{f(z)} - f(\overline{z})$ e tem por objetivo "medir" o quão "longe" a função f está de possuir a propriedade de reflexão de Scharwz.*

Vimos, ao longo do texto, funções que possuem a propriedade de ter deficiência conjugativa nula, i.e, $\overline{f(z)} = f(\overline{z}), \forall z \in Domf$ como, por exemplo, a função exponencial complexa e as funções seno e cosseno complexos. Para encerrar esse capítulo, daremos mais dois exemplos, a saber, onde um satisfaz a propriedade de reflexão e o outro não e, também, vamos fornecer um resultado envolvendo o conceito de deficiência de conjugação para funções complexas de uma única variável complexa bem como uma observação.

Exemplo 9.2. *Se $f = f(z) := z + 7 \Rightarrow \overline{f(z)} = \overline{z} + 7 = f(\overline{z}) \Rightarrow DC_f(z) = 0, \forall z \in \mathbb{C}$. Ainda, se $g = g(z) := z + i \Rightarrow \overline{g(z)} = \overline{z} - i \neq \overline{z} + i = f(\overline{z}) \Rightarrow DC_g(z) = \overline{z} - i - (\overline{z} + i) = \overline{z} - i - \overline{z} - i = -2i \neq 0, \forall z \in \mathbb{C}$,*

Teorema 9.3. *Seja $g = g(z = x + iy) := f(z) + h(x)$, onde f é uma função complexa de uma única variável complexa e h é uma função real de uma única variável real (no caso, a variável real $x = Re(z)$). Então, a deficiência de conjugação de g é exatamente a deficiência de conjugação de f, i.e, $DC_g = DC_f$.*

Demonstração. Usando o fato de que o conjugado de um número real é o próprio número, i.e, $\overline{k} = k, \forall k \in \mathbb{R}$, então temos que, $DC_g(z) := \overline{g(z)} - g(\overline{z}) = \overline{f(z)} + h(x) - (f(\overline{z}) + h(x)) = \underbrace{\overline{f(z)} - f(\overline{z})}_{DC_f(z)} = DC_f(z), \forall z \in Domg$.

□

Observação 9.4. *No caso em que a função $h = h(x)$ for substituída por uma função $h = h(y)$ ou mesmo uma função $h = h(x, y)$, o resultado acima pode não valer pois, nesse caso, teremos que, $DC_g(z) := \overline{g(z)} - g(\overline{z}) = \overline{f(z)} + h(y) - f(\overline{z}) - h(-y)$ ou $DC_g(z) := \overline{g(z)} - g(\overline{z}) = \overline{f(z)} + h(x, y) - f(\overline{z}) - h(x, -y)$, onde não necessariamente tem-se que $h(y) = h(-y)$ ou $h(x, y) = h(x, -y)$. Por exemplo, o resultado é verdadeiro se $h = h(y)$ for uma função par, i.e, $h(y) = -h(y), \forall y \in Domh$ como, por exemplo, $h = h(y) := y^{2n}, n \in \mathbb{N}$ ou mesmo $h = h(y) := \cos(y)$. Ainda, se $h = h(x, y) := s_1(x) + s_2(y)$, onde $s_2 = s_2(y)$ for uma função par, então o resultado é, também, verdadeiro como, por exemplo, $h(x, y) :=$ sen$(x) + \cos(y)$ ou* *mesmo* $h(x, y) := x^2 + y^2$. *Por fim, o teorema "fura" se, por exemplo,* $h(y) := y^3$ *ou mesmo* $h(x, y) := x^2 + sen(y)$.

CAPÍTULO 10

Miscelâneas

1) *A função real de uma única variável real* $f : \mathbb{R} \to (-1,1)$ *dada por* $f(x) := \dfrac{x}{1+|x|}$ *é um homeomorfismo não derivável, pois* f *é a restrição à* $\mathbb{R}$ *da função complexa de uma única variável complexa* $g : \mathbb{C} \to D(0;2)$ *dada por* $g(z,\overline{z}) := \dfrac{z}{1+|z|}$, *a qual não é holomorfa, pois depende explicitamente da variável conjugada* $\overline{z}$, *já que,* $|z|^2 = z\overline{z}, \forall z \in \mathbb{C}$. *Assim, se* f *fosse derivável, sendo* $f = g_{|\mathbb{R}}$, *então* g *também o seria. Porém, como vimos, a partir da dependência da variável conjugada* $\overline{z}$, $g \notin Hol(\mathbb{C})$. *Está dado um exemplo de um homeomorfismo complexo não holomorfo.*

2) *Se* $|z| = 1$, *então* $\left|\dfrac{az+b}{\overline{bz+a}}\right| = 1, \forall a,b \in \mathbb{C}$. *De fato, podemos, inicialmente, escrever que* $\dfrac{az+b}{\overline{b}z+\overline{a}} = \dfrac{az+b}{z(\overline{b}+\overline{a}/z)} = \dfrac{1}{z}.\dfrac{(az+b)}{(\overline{a}/z+\overline{b})}$. *Ainda, podemos notar que,* $|z| = 1 \Rightarrow z\overline{z} = |z|^2 = 1^2 = 1 \Rightarrow \overline{z} = \dfrac{1}{z}$. *Desse modo, segue que,* $\left|\dfrac{az+b}{\overline{b}z+\overline{a}}\right| = \left|\dfrac{1}{z}.\dfrac{(az+b)}{(\overline{a}/z+\overline{b})}\right| = \left|\dfrac{1}{z}\right|.\left|\dfrac{az+b}{\overline{a}.1/\overline{z}+\overline{b}}\right| = \dfrac{1}{|z|}.\left|\dfrac{az+b}{\overline{a}.\overline{z}+\overline{b}}\right| = 1.\left|\dfrac{az+b}{\overline{az+b}}\right| = \dfrac{|az+b|}{|\overline{az+b}|} = \dfrac{|az+b|}{|az+b|} = 1$, *onde usamos o fato de que* $|w| = |\overline{w}|, \forall w \in \mathbb{C}$.

3) *A função complexa de uma única variável complexa* $f : \mathbb{C}/\{0\} \to \mathbb{C}$ *dada por* $f(z) := \dfrac{1}{2}\left(z + \dfrac{1}{z}\right)$ *mapeia holomorficamente, porém não conformalmente, o disco unitário (i.e, de raio igual a 1) centrado na origem,* $(0,0)$, $D(0;1) := \{z \in \mathbb{C}; |z| = 1\} = \{z \in \mathbb{C}; \exists\theta \in \mathbb{R}, z = e^{i\theta} = \cos(\theta) + i\,sen(\theta)\} \subsetneq \mathbb{C}$, *no intervalo aberto da reta* $I := (-1,1) := \{x \in \mathbb{R}; -1 < x < 1\} = \{x \in \mathbb{R}; |x| < 1\} \subsetneq \mathbb{R}$. *De fato, se* $z \in D(0;1) \underbrace{\Rightarrow}_{def.} |z| = 1 \Rightarrow z\overline{z} = |z|^2 = 1 \Rightarrow \overline{z} = \dfrac{1}{z}$, *ou seja,* $\overline{z} = \dfrac{1}{z}, \forall |z| = 1$. *Logo, levando em conta que* $Re(z = x+iy) = x = \dfrac{z+\overline{z}}{2}$, *então se* $z \in D(0;1) \Rightarrow f(z) = \dfrac{1}{2}(z+\overline{z}) = \dfrac{1}{\not{2}}.\not{2}Re(z) = Re(z) = x \in (-1,1)$. *Notamos que, nessa situação, de fato* $x \in (-1,1)$, *pois* $|z = x+iy| = 1 \Rightarrow |z|^2 = x^2+y^2 = 1$ *e, como* $x,y \in \mathbb{R}$, *então* $x,y \in (-1,1)$. *Na verdade, a própria condição de que* $z = x+iy = e^{i\theta} = \cos(\theta) + i\,sen(\theta)$, *já mostra que* $x,y \in (-1,1)$, *pois* $sen(\theta), \cos(\theta) \in (-1,1), \forall\theta \in \mathbb{R}$. *Assim, notamos que esse*

mapeamento se dá de modo holomorfo, pois a função f é holomorfa em todo $\mathbb{C}/\{0\}$. Porém, esse mapeamento holomorfo não é conforme em todo o $\mathbb{C}/\{0\}$. De fato, a derivada da função f é a função $f' : \mathbb{C}/\{0\} \to \mathbb{C}$ dada por $f'(z) = \frac{1}{2}\left(1 - \frac{1}{z^2}\right)$. Relembramos que, uma função holomorfa é conforme, i.e, preserva ângulos orientados se, e só se, sua derivada é não nula. De posse disso vamos, agora, determinar os zeros da função derivada f'. Temos que, $f'(z) = \frac{1}{2}\left(1 - \frac{1}{z^2}\right) = 0 \Leftrightarrow 1 - \frac{1}{z^2} = 0 \underbrace{\Leftrightarrow}_{z \neq 0} z^2 - 1 = 0 \Leftrightarrow z = \pm 1$. Notamos, agora, que $|z = \pm 1| = 1 \Rightarrow \pm 1 \in D(0;1)$, i.e, o subconjunto $\mathbb{C}/\{0\}$ contém pontos, a saber, $z = \pm 1$, onde a derivada da função f, f' se anula e, portanto, não é conforme em todo o $\mathbb{C}/\{0\}$. Porém, por fim, notamos que se $A := \{-1, 0, 1\}$, então a função f é conforme em todo o $\mathbb{C}/A$. Está dado um exemplo de uma função holomorfa não conforme.

4) Em matemática, tipicamente, temos diversas maneiras distintas (porém equivalentes) de se provar um dado fato. Como um exemplo, vamos provar a relação fundamental da trigonometria complexa de quatro modos, a saber:

Modo 1: Sendo $sen(z) := \frac{e^{iz} - e^{-iz}}{2i}, \cos(z) := \frac{e^{iz} + e^{-iz}}{2}, \forall z \in \mathbb{C}$, deixamos a cargo dos leitores provarem que vale que $\left(\frac{e^{iz} - e^{-iz}}{2i}\right)^2 + \left(\frac{e^{iz} + e^{-iz}}{2}\right)^2 = 1, \forall z \in \mathbb{C}$.

Modo 2: Sendo $e^{iz} = \cos(z) + i\,sen(z), \forall z \in \mathbb{C}$, deixamos a cargo dos leitores provarem que $e^{-iz} = \frac{1}{e^{iz}}, \forall z \in \mathbb{C}$. Desse modo, temos que $e^{iz}.e^{-iz} = 1, \forall z \in \mathbb{C}$. Mas, sendo $e^{iz} = \cos(z) + i\,sen(z), \forall z \in \mathbb{C} \Rightarrow e^{-iz} = \cos(-z) + i\,sen(-z) = \cos(z) - i\,sen(z), \forall z \in \mathbb{C} \Rightarrow 1 = e^{iz}.e^{-iz} = (\cos(z) + i\,sen(z)(\cos(z) - i\,sen(z))) = \cos^2(z) + sen^2(z), \forall z \in \mathbb{C}$. Aqui, usamos os fatos de que a função seno complexo é uma função ímpar, i.e, $sen(-z) = -\,sen(z), \forall z \in \mathbb{C}$ e que a função cosseno complexo é uma função par, i.e, $\cos(-z) = \cos(z), \forall z \in \mathbb{C}$. Deixamos a cargo dos leitores provarem esses fatos.

Modo 3: A relação fundamental da trigonometria real diz que $sen^2(x) + \cos^2(x) = 1, \forall x \in \mathbb{R}$. Usando o Princípio da Conservação das Propriedades Funcionais - PCPF (ver meu livro "Introdução ao Cálculo Numérico em Uma Única Variável Complexa via o Princípio da Conservação das Propriedades Funcionais"), podemos "trocar" x real por z complexo nessa última expresão e o resultado segue.

Modo 4: Consideremos a função complexa de uma única variável complexa $f : \mathbb{C} \to \mathbb{C}$ *dada por* $f(z) := sen^2(z)+\cos^2(z)$. *Deixamos a cargo dos leitores a provarem que* $(sen(z))' = \cos(z)$ *e* $(\cos(z))' = -sen(z)$ *e, portanto, derivando a função* f, *vamos obter que* $f'(z) = 2\,sen(z)\cos(z)+2\cos(z).(-sen(z)) = sen(2z)-2\,sen(z)\cos(z) = sen(2z)- sen(2z) = 0, \forall z \in \mathbb{C}$. *Como o plano complexo* $\mathbb{C}$ *é um aberto conexo e a derivada de* f *se anula em* $\mathbb{C}$, *segue que* f *é constante. Em particular,* $f(z) = f(0), \forall z \in \mathbb{C}$ *e, assim, sendo* $f(0) = \cos(0) + i\,sen(0) = 1$, *segue que* $f(z) = 1, \forall z \in \mathbb{C}$, *i.e, vale que* $sen^2(z) + \cos^2(z) = 1, \forall z \in \mathbb{C}$. *Deixamos como exercício para que os leitores verifiquem que vale a fórmula da duplicação de arco complexo para a função seno complexo, i.e, vale que* $sen(2z) = 2\,sen(z)\cos(z), \forall z \in \mathbb{C}$.

5*) Vamos resolver explicitamente o problema de valor inicial implícito - PVII - dado por*

$$\begin{cases} sen(y') = sen(x) \\ y(2) = 2 \end{cases}$$

Para isso, inicialmente resolvemos explicitamente a EDO implícita $sen(y') = sen(x)$, *onde* $y = y(x)$ *e depois "plugamos" a condição inicial de que* $y(2) = 2$ *para se fixar a constante arbitrária de integração. Vamos utilizar a técnica de separação de variáveis. Temos que,* $sen(y') = sen(x) \Leftrightarrow y' - x = 2k\pi, k \in \mathbb{Z} \Leftrightarrow y' = x + 2k\pi, k \in \mathbb{Z} \Leftrightarrow \dfrac{dy}{dx} = x + 2k\pi, k \in \mathbb{Z} \Leftrightarrow dy = x + 2k\pi\ dx, k \in \mathbb{Z} \Leftrightarrow \int dy = \int x + 2k\pi dx, k \in \mathbb{Z} \Leftrightarrow y = y(x) = \dfrac{x^2}{2} + 2k\pi x + c, k \in \mathbb{Z}, c =$ *constante real de integração. Mas,* $y(2) = 2 \Leftrightarrow \dfrac{2^2}{2} + 4k\pi + c = 2, k \in \mathbb{Z} \Leftrightarrow \not 2 + 4k\pi + c = \not 2, k \in \mathbb{Z} \Leftrightarrow 4k\pi + c = 0 \Leftrightarrow c = -4k\pi, k \in \mathbb{Z}$. *Portanto, a solução geral deste PVII é dada por* $y = y(x) := \dfrac{x^2}{2} + 2k\pi x - 4k\pi, \forall x \in \mathbb{R}, k \in \mathbb{Z} \Rightarrow y = y(x) = \dfrac{x^2 + 4k\pi x - 8k\pi}{2} = \dfrac{x^2 + 4k\pi(x-2)}{2}, \forall x \in \mathbb{R}, k \in \mathbb{Z}$. *De fato, vamos verificar que essa* y *é solução do PVII proposto. Temos que,* $y'(x) = x + 2k\pi, k \in \mathbb{Z} \Rightarrow sen(y') = sen(x + 2k\pi) = sen(x), \forall x \in \mathbb{R}, k \in \mathbb{Z}$. *Ainda,* $y(2) = 2 + 4k\pi - 4k\pi = 2$. *Algo importante a ser observado é o seguinte: podemos notar que a condição* $y(2) = 2$ *não impõe restrição alguma em* $k \in \mathbb{Z}$, *já que esta não é uma constante de integração.*

6*) Vamos encontrar as partes real e imaginária da função complexa de uma única variável complexa* $f : \mathbb{C}/A \to \mathbb{C}, A := \{z = x + iy \in \mathbb{C}; y = 0, x \leq 0\}, \theta = \arg(z) \in [-\pi, \pi)$, *dada por* $f(z) := z^z := e^{z\log(z)}$, *onde recordamos que* $e^z = e^{x+iy} := e^x e^{iy} = e^x(\cos(y) + i\,sen(y))$ *e* $\log(z) := \ln(|z|) + i\theta = \dfrac{1}{2}\ln(x^2 + y^2) + i\arctan(y/x)$. *Além disso, vamos usar a identidade* *válida no caso real que nos diz que* $a^{\log_a b} = b$*, já que,* $\log_a b = c \Leftrightarrow a^c = b$*. Para isso, vamos inicialmente "desmembrar"* $z\log(z)$ *e posteriormente* z^z*: Temos que*

$$z\log(z) = (x+iy)(\ln(|z|)+i\theta) = (x\ln(|z|)-y\theta)+i(x\theta+y\ln(|z|)) \Rightarrow z^z = e^{z\log(z)} =$$
$$\exp(x\ln(|z|)-y\theta+i(x\theta+y\ln(|y|))) := \exp(x\ln(|z|)-y\theta).\exp(i(x\theta+y\ln(|z|))) =$$
$$\exp(x\ln(|z|)).e^{-y\theta}(\cos(x\theta+y\ln(|z|))+i\,sen(x\theta+y\ln(|z|))) = \exp(\ln(|z|^x)).e^{-y\theta}(\cos(x\theta+$$
$$y\ln(|z|))+i\,sen(x\theta+y\ln(|z|))) = |z|^x e^{-y\theta}(\cos(x\theta+y\ln(|z|))+i\,sen(x\theta+y\ln(|z|))).$$

Logo, as partes real e imaginária de z^z *são dadas por*

$$Re(z^z) = |z|^x e^{-y\theta}(\cos(x\theta+y\ln(|z|)) \quad , \quad Im(z^z) = |z|^x e^{-y\theta}(\,sen(x\theta+y\ln(|z|)).$$

Podemos reescrever essas duas últimas expressões em termos de x, y*, a saber, fazendo as seguintes substituições:* $|z| = \sqrt{x^2+y^2} = (x^2+y^2)^{1/2}, \theta = \arctan(y/x)$*, onde segue que,*

$$Re(z^z = (x+iy)^{x+iy}) = (x^2+y^2)^{1/2}e^{-y\theta}(\cos(x\arctan(y/x)+\frac{y}{2}\ln(x^2+y^2)),$$
$$Im(z^z = (x+iy)^{x+iy}) = (x^2+y^2)^{1/2}e^{-y\theta}(\,sen(x\arctan(y/x)+\frac{y}{2}\ln(x^2+y^2))$$

Essas duas últimas funções são harmônicas no domínio C/A *com a condição de que* $\theta = \arg(z) \in [-\pi, \pi)$*, o qual é o ramo principal do logaritmo complexo.*

Referências Bibliográficas

A seguir, apresentamos uma lista de textos sobre alguns dos tópicos que foram apresentados neste livro ou mesmo para aprofundamento e estudos posteriores. Ao todo são 23 itens.

[1] *Lang, Serge., Complex Analysis., Fourth Edition., Springer (1999).*

[2] *Lang, Serge., Calculus of Several Variables - Undergraduate Texts in Mathematics., Third Edition., Springer (1987).*

[3] *Pfaltzgraff Ferreira, Paulo Cesar., Cálculo e Análise Vetoriais com Aplicações Práticas Volume 1,2 e 3., Editora Ciência Moderna (2012).*

[4] *Pinto Lucas, João Francisco., Introdução ao Cálculo Numérico em Uma Única Variável Complexa via o Princípio da Conservação das Propriedades Funcionais., Ciência Moderna (2022).*

[5] *Pinto Lucas, João Francisco., Gomes, Leandro Gustavo., A Projeção Canônica entre Estruturas Riemaniannas e Complexas em Superfícies., Editora Atena (2021).*

[6] *V. O'Neil, Peter., Advanced Engineering Mathematics - International Student Edition., Sixth Edition., Thomson (2007).*

[7] *O. Moore, Theral., Hadlock, Edwin H., Complex Analysis - Series in Pure Mathematics Volume 9., World Scientific (1991).*

[8] *Rubinstein, Philip., Functions of Complex Variables., Magnum Publishing (2017).*

[9] *Phillips, E. G., Functions of a Complex Variable., Dover (2020).*

[10] *Geoff, Stephenson., Partial Differential Equations for Scientists and Engineers., Fourth Edition., World Scientific Publishing (1996).*

[11] *Geoff, Stephenson., Worked Examples in Mathematics for Scientists and Engineers., Dover Publications, INC. (1985).*

[12] *Phil, Dyke., Two and Three Dimensional Calculus with Applications in Science and Engineering., Wiley Blackwell (2018).*

[13] *Milne, William Edmund., Numerical Solution of Differential Equations., Dover Books (1970).*

[14] *Davis, Harold T., Introduction to Non Linear Differential and Integral Equations., Dover Books (2017).*

[15] Sastry, S. S., Engineering Mathematics - Eastern Economy Edition., Phi Learning Private Limited (2009).

[16] Moskowitz, Martin., Paliogiannis, Fotios., Functions of Several Real Variables., World Scientific (2011).

[17] Shokranian, Salahoddin., Uma Introdução à Variável Complexa., Editora Ciência Moderna (2011).

[18] Millman, S. Richard., Parker, George D., Elements of Differential Geometry., Prentice-Hall, Inc. (1977).

[19] de Matos, Coimbra., Santos, José Carlos., Curso de Análise Complexa., Escolar Editora (2000).

[20] von Neumann, John., The Computer and the Brain - Siliman Milestones in Science., Editora Yale University Press (1986).

[21] Macrae, Norman., John von Neuman - The Scientific Genius Who Pioneered the Modern Computer, Game Theory, Nuclear Deterrence, and Much More., American Mathematical Society - AMS (2010).

[22] C. Lennox, John., A Ciência Pode Explicar Tudo?., Editora Vida Nova (2021).

[23] Mandelbrot, Benoit B., The Fractal Geometry of Nature., Times Books (1982).

Impressão e acabamento
Gráfica da Editora Ciência Moderna Ltda.
Tel: (21) 2201-6662